内脏减脂
享健康

刘路然　主编

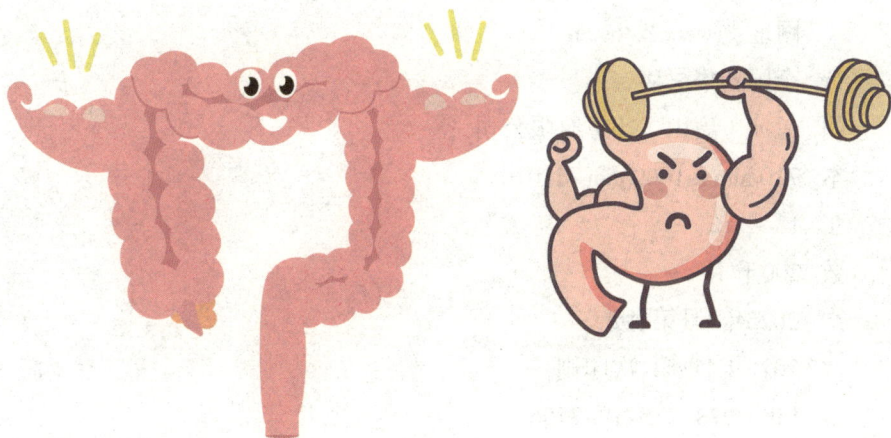

黑龙江科学技术出版社
HEILONGJIANG SCIENCE AND TECHNOLOGY PRESS

图书在版编目（CIP）数据

内脏减脂享健康 / 刘路然主编 . —— 哈尔滨：黑龙
江科学技术出版社, 2025. 4. —— ISBN 978–7–5719–2756–
1

Ⅰ . TS974.14

中国国家版本馆 CIP 数据核字第 2025UZ1024 号

内脏减脂享健康

NEIZANG JIANZHI XIANG JIANKANG

刘路然　主编

责任编辑　马远洋

封面设计　单　迪

图片制作　深圳·弘艺文化 HONGYI CULTURE

出　　版　黑龙江科学技术出版社

　　　　　地址：哈尔滨市南岗区公安街70–2号　邮编：150007

　　　　　电话：（0451）53642106 传真：（0451）53642143

　　　　　网址：www.lkcbs.cn

发　　行　全国新华书店

印　　刷　运河（唐山）印务有限公司

开　　本　710 mm×1000 mm　1/16

印　　张　12

字　　数　200千字

版　　次　2025年4月第1版

印　　次　2025年4月第1次印刷

书　　号　ISBN 978–7–5719–2756–1

定　　价　39.80元

前言

在如今的社会，减肥已经成了一个热门话题。无论是为了健康，还是为了美观，很多人都加入了减肥的大军。然而，减肥并不是一件简单的事情。很多人在减肥过程中，由于方法不当，不仅没有达到预期的效果，反而损害了身体健康。那么，如何做到既健康又有效地减肥呢？这就需要我们理性地看待减肥，掌握科学的方法，以及保持良好的心态和自律能力。

首先，我们要明确一点：减肥不是简单的数字游戏，而是关乎身体的整体健康。很多人为了追求快速减肥，盲目地采用各种极端方法，如节食、药物减肥等。然而，这些方法往往会导致身体出现各种问题，如脱发、月经不调、贫血、肠胃受损等。因此，我们要以科学、健康为前提，摒弃那些不切实际的减肥方法。

那么，什么是科学的减肥方法呢？我们要了解身体的构成及造成我们身体肥胖的原因。体重实际上是由骨骼、肌肉、血液、淋巴液、组织间液和脂肪构成的。减肥的目标不是简单地减少体重，而是要减少体内的脂肪，尤其是内脏上的脂肪。要想知道怎样减掉我们的内脏脂肪，就要知道我们的内脏脂肪是怎么多起来的。我们身体上的脂肪不断增加，而且用各种手段都减不掉，最大的原因是什么呢？当然，运动不足、遗传因素等都对脂肪的增加有所影响，但它们都不是最大的原因。造成内脏脂肪不断增加的最大原因来自"饮食"。高糖食物的长期过量摄入会导致血糖水平急剧上升，当血糖上升时，身体会产生胰岛素来帮助细胞吸收糖分。长期高糖饮食会导致胰岛素分泌过多，进而促进脂肪特别是内脏脂肪的堆积。因此，我们要想健康地减肥，就要注重营养的正确摄入，选择合适的食材，以及养成科学的饮食习惯。同时，适当的运动也是减脂增肌的有效方式。

在营养摄入方面，均衡与选择至关重要。确保摄入充足的蛋白质作为肌肉的关键构建块，对维持肌肉健康与促进肌肉增长至关重要。同时，不可忽视糖类的重要性，它们是身体的主要能量来源，但要避免摄入过多的高糖食物。选择健康的脂肪来源，如橄榄油和鱼油，可维护心血管健康。此外，充足摄入维生素和矿物质对身体的正常运作和免疫系统维护至关重要。明智选择食物，确保营养平衡，避免高糖、高脂肪食物，是保持健康体重和预防肥胖的关键。

在食材方面，我们要尽量选择新鲜、健康的食物。多吃蔬菜水果，少吃油腻和高热量的食物。此外，还要注意食物的烹饪方式，尽量选择蒸、煮、炖等健康的烹饪方式，避免油炸等高热量的烹饪方式。

在饮食习惯方面，我们要养成定时定量的饮食习惯。不要暴饮暴食，也不要过度节食。每天三餐要规律，早餐要吃饱，午餐要吃好，晚餐要吃少。此外，还要避免夜宵和零食的摄入，以免增加热量摄入。

在运动方面，我们要选择适合自己的运动方式。有氧运动如跑步、游泳等可以帮助我们消耗脂肪，增加心肺功能；而力量训练如举重、深蹲等可以帮助我们增加肌肉量，提高基础代谢率。此外，还要注意运动的强度和频率，避免过度运动导致身体受伤。

减肥不是一件简单的事情。我们需要理性地看待减肥，掌握科学的方法，以及保持良好的心态和自律能力。只有这样，我们才能在减肥的过程中保持健康，达到理想的减肥效果。希望本书能为你提供有益的指导，帮助你在减肥的道路上走得更远、更稳。

contents
目录

PART4 腹部按摩减肥

PART5 腹部减肥锻炼

PART6 腹部中药茶饮减肥法

PART 1

腹部减肥须知

很多人可能都有这样的烦恼：明明其他部位还算苗条，但腹部的赘肉却总是那么显眼，让人苦恼不已。想要摆脱这顽固的"游泳圈"，其实并不容易。要想真正减掉腹部的赘肉，我们首先需要深入了解肥胖的成因，然后根据自己的实际情况来制订合适的减肥计划。只有这样，我们才能找到真正有效的瘦腹方法，让腹部重新变得平坦紧致。

让你大腹便便的 "七宗罪"

不论男女，一旦跨过三十岁的门槛，身体似乎都容易发出一些 "变形" 的信号。那些曾经紧致有型的身材，渐渐地开始圆润起来。尤其是腹部，似乎成了最容易堆积脂肪的地方，原本清晰的腰线变得模糊，低头一看，仿佛连自己的脚尖都快要看不见了。

很多人首先想到的可能是饮食问题，于是纷纷开始尝试各种减肥方法，节食、吃药、抽脂……可是，无论怎么努力，那顽固的小腹赘肉似乎总是难以减去，反而有时候还越减越多，真是让人头疼不已。

其实，不仅仅是那些身材开始有些发福的朋友，就连一些原本就很苗条的人，也常常会抱怨自己的小腹怎么也瘦不下来。这不禁让人好奇，为什么不同年龄段、不同体型的人都会面临同样的问题呢？难道真的只是因为吃得太多吗？

其实，答案并非如此简单。让腹部变胖的原因，往往不是单一因素造成的，而是多种因素共同作用的结果。那么，到底有哪些因素会导致腹部肥胖呢？接下来，就让我们一起了解一下这些 "罪魁祸首" 吧。

1. 肥胖遗传基因

腹部肥胖与遗传基因有关，这并非空穴来风。国内外众多科学家通过大量研究早已证实，父母肥胖对于子女肥胖有较大的影响：父母中有一人（特别是母亲）体态肥胖，那么子女肥胖的概率高达 40%；若是父母都比较肥胖，那么子女肥胖的概率将超过 70%。并且这种遗传性肥胖会严重影响内脏脂肪堆积，外在表现就是腰部、腹部脂肪特别肥厚，让你的腹部变成了"啤酒肚""将军肚"……

2. 腹肌松弛

许多人可能有个认知误区，认为腹肌是男性的专利。其实，无论男女，身体里都有腹肌的存在。这些腹肌就像是身体里的"紧身衣"，它们不仅帮助收紧和拉平腹部肌肉，还能确保肠胃等内脏保持在合适的位置，避免外凸。同时，它们还有助于"镇压"那些想要冒出来的腹部脂肪，让我们的腹部保持平坦和光滑。

然而，随着时间的推移，腹肌的力量会逐渐减弱，脂肪也可能变得松散。这时候，腹部就可能会失去控制，变得不再平坦。特别是在某些特殊情况下，比如怀孕时，腹肌会因为身体的需要而被拉长。而在生产之后，如果不注意适当的锻炼，腹肌的张力和弹性可能会受到影响，导致腹部变得突出，难以恢复到之前的状态。

因此，无论男女，坚持锻炼腹肌都是非常重要的。它不仅可以让我们拥有更好的身材，更重要的是，它有助于保持身体的健康和平衡。所以，不要忽视

对腹肌的锻炼。

3. 难以纾解的压力

　　面对紧张的工作和各种生活琐事时，难免会感受到很大的压力，而压力也会引起腹部肥胖。

　　这是因为人体处于各种压力之下时易出现莫名的焦虑与抑郁，这种感觉会不断地刺激肾上腺皮质醇分泌，从而提高食欲。当肾上腺皮质醇的指数越来越高时，人对食物的渴求也就越来越大。当大量进食后，还没有来得及消化的食物会刺激胰岛素等激素的分泌，大量胰岛素又会将热量转化为脂肪堆积在体内特别是在腹部。如此恶性循环，小腹怎能不臃肿突出呢？

4. 肠胃功能下降

　　经常坐在办公室的办公人员，往往一天都坐在电脑或桌子前，很少出去走走或活动一下身体，有时就连吃完午餐也不愿意挪动。长期如此，腹部血液循环的速度变慢，供给胃肠的血液变少，造成肠胃蠕动减慢，无法充分消化和利用食物，就容易诱发便秘。而便秘会导致肠道堵塞，使得体内的气体和代谢产物无法排泄，就会引起小腹鼓胀，向前突出。

5. 睡眠质量不佳

睡眠能够帮你缓解疲劳，恢复精力，而且在深度睡眠中，大脑还会分泌一种激素，有助于将体内过多的脂肪转化为能量，从而能够避免脂肪在腹部堆积。但有的人睡眠过少，而且睡眠质量也不佳，总是无法进入深度睡眠状态，这样就会直接影响激素的分泌，也就容易造成腹部脂肪堆积，身体也就会发福、变形。

6. 坐姿、站姿不当

人们常说"站如松，坐如钟"，这不仅体现了良好的仪态，还能帮助我们塑造优美的体型。然而，有些人可能没有注意到这一点，坐姿或站姿不够端正，比如常常弯腰驼背或跷二郎腿。长时间保持这样的姿势，会导致骨盆重心前移，腰部过于挺直，臀部也会显得突出，进一步加大了骨盆的前倾程度。而骨盆前倾又会反过来影响腰部，使得腰椎的弧度变得过大。这样一来，从视觉上看，小腹就会显得较为突出。

7. 喝水方式不正确

经常会有人用无奈的语气说："我连喝水都会发胖。"这其实并不夸张，水虽然没有热量，还能帮助身体排毒，可要是喝水方式不正确，就会引起腹部肥胖。比如有的人喜欢吃过咸、过辣、过麻的食物，吃完后又喝大量的水，就会导致人体代谢变慢，使得脂肪分解和消耗的速度减慢，也就很容易堆积在腹部。另外，有的人喜欢喝冷水，就算是冬天也要痛饮冰镇过的饮料或者凉开水，这样的后果就是：体温降低，使促使脏器正常循环的动力逐渐变慢，甚至停滞不前。体内各脏器，尤其是消化系统在减慢运作后，食物就会因为无法消化而开始堆积，进而刺激胰岛素等激素的大量分泌，过量的胰岛素又促使脂肪的生成，体型就难免变得大腹便便了。

认识了腹部肥胖的原因后，你就可以对照自己的情况，看看到底是哪里出现了问题，然后再进行对症"瘦腹"，就能避免再做"无用功"了。

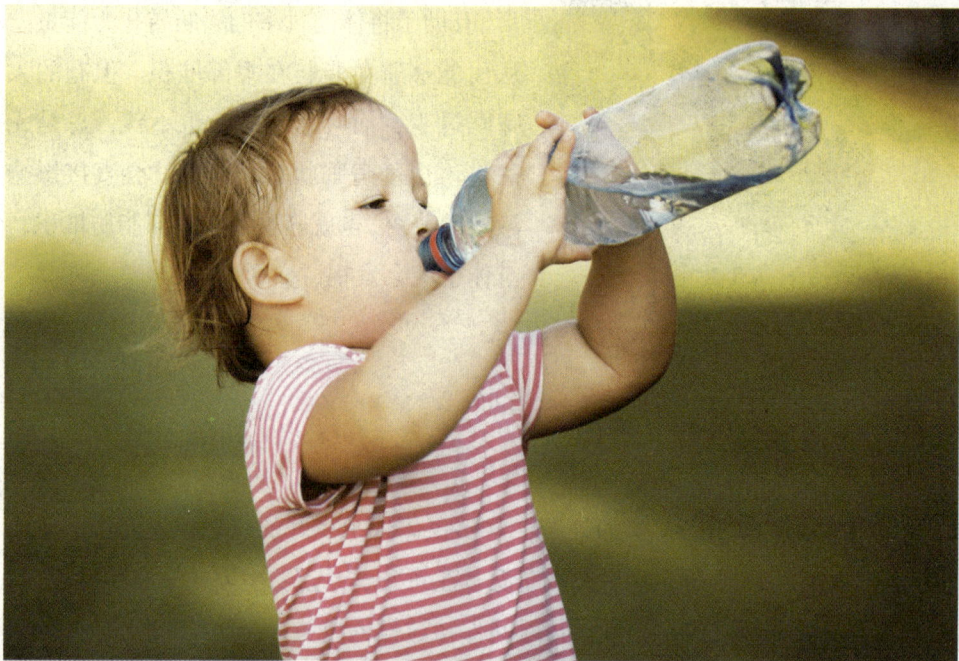

不可忽视的腹部肥胖危害

腹部肥胖也被称为"中心型肥胖""内脏型肥胖""苹果型肥胖"，你可千万不要小看这个问题，因为大腹便便影响的不仅是身体的美观，还会带来很多健康问题。

在诸多肥胖症之中，腹部肥胖的危害是最大的。首先，当腹腔内堆满了厚厚的脂肪后就会形成坚实的脂肪壁，这种脂肪不同于皮下脂肪，因为它会堆积在内脏器官的周围和内部，直接对内脏造成压迫，使内脏正常的生理功能受到严重影响。比如腹腔内过多的脂肪会挤压心脏，容易引起心血管疾患。

其次，脂肪在分解之后很容易以游离脂肪酸的形式进入血液，然后通过肝脏流向心、肺以及动脉，会诱发各种疾病。比如，脂肪肝就是腹部肥胖常见的并发症之一。

另外，由于脂肪大量储存、堆积，会使胖人的耗氧量比正常体重的人增加30%~40%，一活动就会气喘吁吁，可能还会诱发呼吸睡眠暂停综合征。此外，腹部肥胖的人罹患胆结石、痛风、糖尿病等疾病的风险与其他类型的肥胖人群相比，也要高出不少。

那么，该怎么鉴定你的腹部肥胖程度呢？你可以用软尺量一量自己的腰围，量的时候需要站立，将软尺紧贴皮肤，在肚脐上方3厘米的位置，水平围上一圈进行测量。如果得到的数字大于85厘米，就应当算是腹部肥胖。

另外，你也可以再量一下自己的臀围，测量时要沿臀部最丰满的地方量一圈。之后用腰围数据除以臀围数据，计算出的数字如果大于0.8，也应当算是腹部肥胖。

如果确定了自己的腹部肥胖程度比较严重，你就应当提高警惕，并要从现在开始抓紧时间采取措施，以尽早解决腹部肥胖问题，重新找回自己的健康和美丽。

腹部减肥后为什么会反弹

让腹部"缩水"可能并不像你想象的那么容易，由于腹部平时很难得到活动的机会，所以你付出了很大的努力之后，可能取得的瘦腹效果也不太理想。更糟糕的是，腹部减肥还会经常反弹，许多人在减腹成功后却发现脂肪很快又卷土重来，而且愈演愈烈，有时甚至比减肥前更糟糕。这种减肥—反弹—减肥—反弹的恶性循环不仅打击了对减肥和自身的信心，还破坏了身体各器官的平衡，尤其是心脏、神经系统和皮肤更难以适应腹部的反复波动，容易引起各种不适甚至发生病变。

那么，腹部减肥后为什么特别容易出现反弹呢？其中原因主要有以下几点：

1. 盲目节食

有的人为了减去腹部脂肪，就盲目采用了节食的办法，有的戒掉了心爱的美食，有的强迫自己不吃米面类食物，有的甚至连水都不喝。可是这样做对身体有害无益，会让身体得不到足够的营养而导致身体机能紊乱，比如有的女性在节食后会出现月经不规律、脸上长痘痘、严重水肿等问题。不仅如此，节食还会造成强烈的心理压力，一旦控制不住压力，你就容易开始暴饮暴食，这样自然会引起反弹，会让腹部脂肪增加得更快。

2. 一点油脂都不沾

油脂是瘦腹的大敌，所以很多人都会注意控制油脂的摄入。不过，你也要注意不能过于极端，因为人体组织结构和生理运作都是需要油脂的，如果一点油脂都不沾，就会影响正常的生理功能，会让你的皮肤变得干燥、体温开始下降，并会容易受伤。如果长期不能摄入足够的油脂的话，还会引起头发脱落、夜盲症、眼干燥症等。不仅如此，由于油脂能够让你产生饱腹感，所以缺乏油脂的时候你常常会觉得饥饿，就会不知不觉吃下很多食物，使腹部脂肪堆积得更快。而且一旦你重新恢复摄入油脂，身体就会加速吸收缺少的脂肪，导致瘦腹成果反弹。

3. 运动过于剧烈

运动是瘦腹可以采用的主要方法之一,合理的运动可以帮你消耗不少脂肪,能够减去很多腹部赘肉。可是你要注意不能急于求成,如果你不做运动计划,而是希望用大量的、剧烈的运动在短时间内就能达到瘦腹效果,当然是不可能实现的。更糟糕的是,当你在剧烈运动后,身体会感觉非常疲劳,饥饿感、干渴感也会非常强烈,所以你很有可能会吃下过多的食物、喝下过多的水,导致摄入的热量、水分超标,腹部就会堆积过多脂肪,还有可能会出现水肿问题,使得辛辛苦苦获得的瘦腹成果出现反弹。

4. 靠吃减肥药瘦腹

许多人往往把吃减肥药作为瘦腹的最佳捷径,实际上用这种方式获得的效果也确实非常明显,体重很快就减轻了不少,但是反弹的速度也同样快得惊人。这是因为很多减肥药的作用和泻药类似,其实只是将水分从身体中"请"出去,而恼人的脂肪却原封不动地呆在身体内,只要恢复饮食或者停止用药、补充水分,腹部的脂肪就又会直线增加了。除此之外,减少体内水分还会影响腹部减肥的效果。水分能够促使脂肪分解,并通过各种有氧运动将脂肪分子消耗掉。如果体内缺少水分,腹部脂肪细胞因失水而排列得较密集,使脂肪壁更加坚固,即使再剧烈的运动也很难将小腹赘肉减下去。

5. 缺乏坚持瘦腹的决心

有很多人用对了减肥方法，在减肥初期也出现了一点效果，于是就认为达到了自己的减肥目的，无须再继续"受苦"下去。殊不知，此时正是减肥的关键期，如果不能坚持下去，辛苦获得的瘦腹成绩转眼就会化为乌有，好不容易减下去的赘肉又会长出来。

其实，瘦腹并不是一劳永逸的事情，需要你付出足够的耐心，才能取得最后的胜利。为此，你可以为自己定一个瘦腹周期，具体可以分为三个月：第一个月是身体适应期，使身体慢慢适应减肥的需要，这个时期减肥效果是最不明显的；第二个月是冲刺期，当身体逐渐适应了减肥的需要后，便可以适当加大强度，专心对付腹部多余的脂肪；第三个月是巩固成果期，此时减肥的效果已经非常明显了，唯一需要做的就是保持好不容易瘦下来的小腹，千万不能因为大意而败走麦城。这三个时期缺一不可，你只有坚持下去，才能尽可能避免瘦腹成果出现反弹。

测一测你的小腹"脂"数

引起腹部肥胖的原因很多，但不健康的生活方式肯定是一个非常重要的方面。有时你可能已经非常努力地瘦腹，但脂肪、赘肉还是会不请自来，为你的小腹"添砖加瓦"。这时你就有必要从生活方式的角度出发，测一下自己的小腹"脂"数，检视一下自己是否具备腹部赘肉堆积的潜在风险。

以下是一些可能引起腹部肥胖的错误的生活方式，你应当根据自己的实际情况进行判断，并在后面的"YES"或"NO"的选项框中打上"√"：

1.喜欢吃煎、炸、烤的食物胜过水煮、清蒸的食物（YES □，NO □）

2.即使口渴也不喜欢喝白开水或者茶水，将可乐和果汁作为解渴饮料（YES □，NO □）

3.一定要吃完整套大餐，尤其是饭后甜点更是不能少（YES □，NO □）

4.喜欢吃下午茶和夜宵胜过正餐，管它甜咸油腻，来者不拒（YES □，NO □）

5.清汤寡水有什么意思，浓浓的骨头汤才够味（YES □，NO □）

6. 今天大吃特吃，明天就不再吃东西，让肠胃歇口气（YES □，NO □）

7. 最讨厌的就是运动，休息的时候宁愿读书、看电视或者玩手机（YES □，NO □）

8. 每天都重复着家—办公室—家的两点一线的生活（YES □，NO □）

9. 吃饱了饭就立刻蜷到沙发上看电视（YES □，NO □）

10. 有电梯就不走楼梯，即使下一层楼也非得等电梯不可（YES □，NO □）

11. 最讨厌做家务，将一切麻烦统统交给洗衣机、洗碗机、吸尘器去处理（YES □，NO □）

12. 冬天吃得多没关系，多摄取热量身体才不会冷（YES □，NO □）

13. 本来就不爱运动，天气一转冷更是将所有的活动都省去，一下班就回家窝着（YES □，NO □）

判断完毕后，你可以计算一下自己的综合得分。答"YES"的话加1分，答"NO"的话得0分。

◀测试结果▶

1. 综合得分 ≤ 7，恭喜你，小腹"脂"数良好，不用担心会变成人见人笑的"大腹翁"，不过也不能掉以轻心，要继续保持，才不会让脂肪和赘肉找上你平坦的小腹。

- -

2. 10 ＞综合得分 ＞ 7，小腹"脂"数偏高，长出小肚腩的概率在80%以上，如果再不改正自己的不良生活方式，很可能会成为下一个"大腹翁"。

- -

3. 综合得分 ≥ 10，简直就是天生的"大腹翁"，掀开衣服看一下，一定会看到小肚子已经像小山一样隆起啦。要从现在开始立刻纠正不良生活方式，并要采取必要的措施减肚子，否则就真的只能永远背上"大腹翁"的称呼了。

PART 2

腹部减肥饮食

健康是吃出来的，这一点都不夸张。食物能够为人体提供充足的能量和营养成分，可以帮助体内各器官正常运作。所以你在瘦腹时不应刻意节制饮食，而是要选择健康营养的低热量食物，并养成良好的饮食习惯，这样就能够让你在享受美味大餐的同时，还能拥有迷人的身材。

9个帮你腹部变平坦的饮食习惯

为了达到快速瘦腹的目的，不惜采取痛苦的节食甚至断食的办法，不但效果不理想，还会严重影响身体健康。其实，瘦腹不需要这么麻烦，只要养成了良好的饮食习惯，就能够让你保持健康、匀称的身材，小腹也会变得平坦美观。

以下这9个饮食习惯如果你能够长期坚持，就能避免脂肪在小腹过度堆积，可以为你免去不少瘦腹的烦恼。

习惯1：尽量少食多餐

想要瘦腹，不能通过盲目节食，而是要通过少食多餐来实现。所谓少食多餐，就是每日进食量不变，但是要将食物平均地分配到五餐或者六餐当中，使得每一餐的进食量减少。这样不但能够减轻肠胃的负担，还能加速脂肪的燃烧，并有助于体内废物的排出，对瘦腹很有帮助。

具体安排时，你可以在日常三餐中减少一些食量，然后在饭前一小时品尝一小杯开胃酒，吃一些小饼干或者小点心，以减少饥饿感。另外，在两餐之间可以喝一杯水果茶、蔬果汁或其他低热量饮料，吃一点热量不高的甜点，对加餐来说也不失为一种上佳选择。不过，在晚上8点以后，就不要再进食了，否则夜间新陈代谢速度减慢，从食物中获得的热量无法彻底消耗，反而会加重腹部肥胖问题。

在一日三餐中，早餐是非常重要的，能够为身体提供充沛的能量和营养，可以让你精神振奋地投入上午的工作、学习中。可要是不吃早饭，就会让你在上午变得精力、体力不足，到了中午，强烈的饥饿感往往会驱使你吃下更多的食物，这样做的结果会让更多脂肪堆积在腹部。所以想要瘦腹一定不能忽略早餐，而且要注意补充蛋白质和钙质，这样能够增加饱腹感，可以帮你控制食欲，还能促进脂肪的分解和消耗，让你的瘦腹目标更加容易达成。

习惯 3：避免过量进食

想要瘦腹就不能毫无节制地进食，所以在面对美食的诱惑时，如果你没有足够的把握能够抵抗得住，就尽量不要独自进餐，也不要与有相同"吃好"的朋友或家庭成员共同进餐，因为他们的行为会鼓励你无节制进食。

另外，特别饥饿的时候一定要控制自己进食的速度，千万不要风卷残云般大口大口地进食，或不加选择地吃下很多高热量的食物，这样会让你的小腹变得更加臃肿。此外，在进餐的时候，吃到七八成饱的时候，不妨先放下筷子，以便让胃有充足的时间来确认是否已经吃饱。一旦感觉到饱足感，就要立刻将饭菜撤下餐桌或者给自己找点别的事情做，让脑子里不再总惦记着桌子上的饭菜。

习惯 4：合理摄取热量

如果摄入的热量超标，就容易转化为脂肪堆积在腹部。可要是摄入的热量

PART2 腹部减肥饮食

15

不足，不能满足正常的生理活动需要，那么你就应当计算自己每天需要的热量。一般来说，为了维持基本的生理机能，每千克体重每小时消耗的热量是 1 千卡（1 千卡 ≈ 4.19 千焦），假如你的体重是 60 千克，一天需要消耗的热量就是 60 千克 × 24 小时 =1440 千卡。当然这只是一种粗略的算法，实际上你还要算上身体在活动中需要消耗的热量，如果你正在进行系统的瘦腹体育锻炼的话，热量消耗更会大大增加，具体要根据你活动的量和难度来计算。

算出了身体需要消耗的热量之后，你在摄取饮食时只要注意不让摄入量大于消耗量，就能逐渐达到瘦腹的目的。不过你也没有必要将每种食物的热量计算得过于精细，否则容易在食物面前养成"缩手缩脚"的习惯，这也不敢吃，那也不能吃，一个不小心"节食"就变成了"厌食"，会对身体健康造成很多不利影响。

习惯 5：多吃新鲜水果蔬菜

蔬菜水果含热量极低，食用后不用担心腹部会发胖。同时蔬菜水果富含维生素、矿物质和膳食纤维，能够满足瘦腹期间的营养需要，而膳食纤维又能让你产生饱腹感，有助于控制过于旺盛的食欲。不仅如此，膳食纤维还能促进肠道蠕动，有助于消除便秘，可以让体内过多的脂肪、废物、毒素等排出体外，有助于减去小肚腩，所以你一定要在每天的食谱中合理增加蔬菜水果。

除了生食、烹制菜肴外，你还可以自己动手用新鲜的蔬果榨蔬果汁，这样不用担心添加剂太多而摄取到过多的糖分。你还可以根据自己的喜好加入其他食材，这样不仅口感一流，还有意想不到的养生功效。

习惯 6：适量增加多糖

多糖，也叫复合碳水化合物，只含有少量脂肪、糖和热量。当人体摄入后，消化系统会缓慢地消化，并逐渐地、平稳地释放其中的能量，使身体始终处于非饥饿状态，这对于控制体重、减少腹部脂肪能够起到很好的作用。因此，你应当注意在膳食中适量增加多糖的比例，玉米、马铃薯、黑米、粳米、扁豆等都是多糖的最佳来源，你可以选择自己喜爱的加入食谱中。

习惯 7：口味以清淡为主

口味清淡，就是要在饮食中注意少油、少盐、少糖，并要尽量少放桂皮、咖喱、沙拉酱等调味品。像这样的清淡饮食，能够保留食材本身的味道和营养成分，容易被身体消化吸收，也就不会产生过多的脂肪、废物囤积在腹部。相反，要是吃的过咸，就容易造成水分潴留；吃的过于油腻辛辣，就会让食物在肠道停留的时间更长，还会影响内分泌系统，腹部的赘肉就会更难以减去。

习惯 8：注意细嚼慢咽

细嚼慢咽是一种非常好的饮食习惯，它可以降低你的进食速度，并会增加饱腹感，可以避免让你在狼吞虎咽中吃下过多的食物。而且经过细嚼慢咽的食物，也更容易被身体消化和吸收，不会留下过多残渣、废物转化为脂肪堆积在腹部。所以你在进餐的时候应当细嚼慢咽，要保证每一口食物咀嚼 30 下，细细地品味其美味后，再慢慢咽下，这样既能享受美食，又不会额外增加腹部赘肉，可以达到瘦腹的目的。

PART2 腹部减肥饮食

习惯 9：吃饭专心致志

想要瘦腹，还要注意在进餐时保持专心致志。边吃饭边聊天，或是边吃饭边看电视、玩手机，这会让你的注意力从食物上转移开来，会影响你对口味的感知，也会让你无法掌握自己的食量，往往会让你在不知不觉中吃下过多食物，引起腹部脂肪堆积。

不仅如此，当你不专心吃饭的时候，消化系统也会受到一定影响，时间长了会引起食欲不振、消化不良，所以你应当在吃饭前关掉电视、放下手机，并最好少与家人、同事说话，然后一心一意地吃饭。这样才能让你的大脑及时接收到"吃饱了"的信号，从而能够"适可而止"，以降低腹部发胖的风险。

3种不同腹部肥胖类型人群的饮食调理方案

在遵守正确的瘦腹饮食习惯的同时，你还应当注意到腹部肥胖的类型是不同的，不能一概而论。由于每一种类型都有着自己的特点，所以你需要分析自己属于什么类型，然后有针对性地制定不同的饮食方案，才能够收到更满意的瘦腹效果。

类型一：上腹突出

上腹突出的主要原因就是体内营养过剩。这种体型的人饮食上大多以高糖、高脂肪的食品为主，如肥肉、巧克力、油炸食品、干果等，再加上进餐频繁、饮食结构不合理、不喜运动等原因，导致脂肪的聚集更加快速，腰腹部也会明显增粗。因此，在饮食方面应当妥善安排，尽量少吃肉、蛋、零食等不易消化的食物，即使要吃也应当尽量安排在午餐、晚餐，另外要调整饮食结构，各种食物要合理搭配，不能偏食挑食。而且每餐不宜吃的过饱，临睡前3小时不要吃东西，尤其不能贪嘴吃夜宵。

类型二：下腹突出

造成下腹突出的重要原因是便秘，这会使大量脂肪、废物、毒素堆积在肠道内，下腹就会突出、隆起，显得非常难看。想要改变突出的下腹，就要多吃富含膳食纤维的水果蔬菜，以尽量清理肠道。同时可以喝一些酸奶或含有益生菌的饮品，以促进胃肠蠕动，将毒素和废弃物尽早排出体外。此外，你还可以利用周末或者节假日连休的时间，适当地制订一个清肠饮食计划，即在 1~2 天内用热量低的蔬菜、水果和口感清淡的营养粥、汤来代替主食、肉类，让肠胃得到充分的休息。

类型三：腹部松弛、浮肿

腹部松弛、浮肿很可能是由于饮水过多引起的。经常坐办公室的人，由于办公环境干燥，常常一杯水接一杯水地喝，以为这样有助于身体补充水分。岂不知过多的水分会增加肾脏和膀胱的负担，并成为造成小腹松弛、浮肿的罪魁祸首。所以减腹应当对症下药，首先要严格控制每天的饮水量。还应当多吃一些利水消肿的食物，如冬瓜、薏米、红豆等。

如果条件允许，最好在早上起来空腹喝一碗汤，如银耳、枸杞和百合，不但能够让沉睡了一宿的肠胃得到滋润，还会加速新陈代谢，从而促进体内废物排出，对减肥瘦腹很有帮助。

让你吃掉大肚腩的 18 种食物

杏仁

杏仁有苦杏仁和甜杏仁之分，两者在营养成分上没有区别，只是口感不同。其中甜杏仁味道微甜、细腻，可以直接生吃或加入饮料、甜点、菜肴中食用。如果觉得杏仁味道太浓，可以将杏仁与粳米、燕麦、小米煮成粥，或者在凉菜中加入几颗杏仁，不仅能为饭菜增加美

感，吃起来也唇齿留香，不会感到太油腻。而苦杏仁可以入药，有润肺、平喘的功效，但是不能多吃，否则可能引起中毒，所以食用前要在水中浸泡多次，并要加热煮沸，以除去有毒物质。

杏仁的减腹作用

（1）杏仁富含类黄酮抗氧化剂、蛋白质、镁、钙、钾等营养成分，能够帮助人体维持血糖平衡，防止因低血糖造成过度饥饿而引起暴饮暴食。

（2）杏仁中所含的维生素 E 还可帮助身体去除多余水分，加速血液循环，防止皮肤老化造成的小腹肌肉松弛。

（3）杏仁中的脂肪属于不饱和脂肪酸，只要吃上数颗，就容易使人产生饱腹感，从而可以控制饮食，避免热量摄入超标。

（4）杏仁还可以减少身体对多余热量的吸收，可加快体内脂肪代谢的速度，不会使大量脂肪堆积在腹部，形成小肚腩。

杏仁的选购与保存的诀窍

甜杏仁也被称为"南杏"，苦杏仁也被称为"北杏"，作为平时食用的杏仁一般以甜杏仁为主。在选购时要选择大小均匀、颗粒饱满、表皮有光泽、口感微甜的杏仁，如果杏仁表面发油，或是有虫蛀的小洞和白色的霉点，则不宜购买。

杏仁最好放在密封罐中保存，然后置于阴凉通风处，最佳食用期是 3 个月，尚未开封的杏仁保质期可长达 2 年。如果你还是不放心，不妨将杏仁放在冰箱的冷藏室内，不过在冷藏的时候一定要注意密封包装，以免杏仁受潮或结霜，影响口感或者引起霉变。

榛子

榛子是四大干果之一（另外三种分别是核桃、扁桃和腰果），还被人们称为"坚果之王"，果实有天然的香气，剥壳生吃口感甜香，炒熟之后口感更加香浓。而且营养丰富，也容易被人体吸收，能够滋补脾胃、促进消化、防止便秘。榛子除了单独食用外，还可以加入糕点、糖果中食用，也可以入粥、入菜。

不过，由于榛子中含有丰富的油脂，患有胆功能严重不良的人平时应该少吃。对于普通人来说，每周吃 5 次，每次吃 25~30 克的榛子比较适宜。如果害怕自己吃着吃着就管不住嘴巴，不妨将榛子压碎后与豆浆混合，这样既能享受到浓浓的榛子香，又不用担心吃得过量了。

榛子的减腹作用

（1）榛子具有降低胆固醇的作用，能够避免饱和脂肪酸对身体的危害，减少心血管疾病的发病危险。

（2）榛子富含脂肪，有利于脂溶性维生素在人体内的吸收。对于容易饥饿的人来说，只要吃几颗榛子，就可以缓解饥饿感，自然也就不会去吃其他食物了。

（3）榛子本身有一种天然的香气，具有开胃的功效，丰富的膳食纤维还能帮助消化和防治便秘。对于经常坐在电脑前工作的人来说，多吃点榛子能很好地预防因运动不足造成的小腹突出问题，对于便秘也有不错的疗效。

榛子的选购与保存的诀窍

现在市面上的榛子有两种，一种是小榛子，一种是从外国进口的大榛子。从口感来说，小榛子的香味更纯正，而且还有淡淡的甜味；而大榛子虽然果仁较大，但味道就差了很多。所以最好购买可口的小榛子，而且要挑选果壳完整、干燥、丰满，果仁色泽白净、不泛油的榛子。如果果壳干瘪，果仁有油迹甚至黏手，还有一股难闻的哈喇味，就说明榛子已经严重变质了，千万不要购买。

如果需要长期保存榛子，一定要将其放在密封、干燥的容器中保存，否则容易发霉或者出现异味。此外，保存榛子时还应当避免阳光照射，如果发现有虫眼或者变质的，应当立刻拣出来，以免污染其他榛子。

黄豆

黄豆，也叫大豆，营养非常丰富，蛋白质含量甚至比猪肉、鸡蛋还高，而且蛋白质中氨基酸组成也和动物蛋白质相似，容易被人体消化吸收，所以被人们赋予了"豆中之王"、"植物肉"等美称，是天然食物中最受营养学家推崇的食物。不过，由于黄豆中存在一些抗营养物质，所以在食用时一般要进行加工，制成豆芽、豆腐、豆浆等黄豆制品，这样既能保留营养成分，又利于人体吸收。

黄豆的减腹作用

（1）黄豆中的蛋白是植物来源的完全蛋白，使人更容易产生饱腹感，但却不会造成人体营养过剩。因为人体摄入高蛋白后，会刺激消化道内"肠促胰酶肽"的分泌，从而使大脑发出不再进食的命令，因此黄豆能够帮助你控制饮食，从而达到减肥瘦腹的目的。

（2）黄豆中含有膳食纤维，能够降低胆固醇含量，还能润肠通便，帮助身体排出多余的废物和毒素，有利于身体的健康与健美。

（3）黄豆中含有大豆异黄酮、皂角苷成分，能够抑制脂肪的吸收，促进脂肪的分解，消除腹部赘肉的作用更明显。

黄豆的选购与保存

购买黄豆时，要选择颜色鲜艳、外皮有光泽、颗粒饱满且整齐均匀、无破瓣、无缺损、无虫害、无霉变、无挂丝的黄豆；而颜色暗淡、外皮无光泽、颗粒瘦瘪、不完整、大小不一、有破瓣、有虫蛀、霉变的为劣质黄豆，要避免购买。另外，你在挑选黄豆时还可以用牙齿咬一咬，如果发出的声音清脆，就说明黄豆是干燥的；如果有些黏牙，就说明黄豆发潮，不宜食用。

黄豆在发芽过程中能够释放出更多的营养元素，更利于人体吸收，营养更胜黄豆一等。不过在挑选黄豆芽时也要注意，要选择豆芽杆挺直、脆嫩、颜色白净，没有烂根、没有异味的。有的黄豆芽看起来肥胖鲜嫩，但有一股难闻的化肥味，很可能是不法商贩用化学品浸泡过的，不宜食用。

黄豆容易发霉、生虫，宜放在阳光下曝晒数小时，然后装入密封的容器中，放入几颗花椒或者胡椒，就能很好地保存，而且不会生虫、霉变。至于黄豆芽则可以放进冰箱冷藏或用清水浸泡保存，但是由于其中的营养成分容易流失，所以最好尽快吃完。

胡萝卜

胡萝卜享有"小人参"的美誉，是一种颜色鲜亮、脆甜可口、带有特别的香味的蔬菜，也是公认的营养食材。胡萝卜中富含胡萝卜素、多种维生素和钙、铁等营养成分，常吃有利身体健康，也可以作为减肥瘦腹的必备食物。胡萝卜可以生吃或炒着吃，也可以和其他一些食材炖煮，还可以凉拌、榨汁，更可以切碎后做成包子、饺子的馅料，营养更容易被人体吸收。

胡萝卜的减腹作用

（1）胡萝卜除了富含维生素和钙质外，还含有胡萝卜素、叶酸和食物纤维。每天适量喝一点胡萝卜汁，能够提高人体新陈代谢能力，有助于将多余的脂肪和宿便及时排出体外，使腹部在调整健康的过程中变得更加苗条与健美。

（2）胡萝卜中含有的槲皮素、山柰酚等能够降低血脂、胆固醇，而且胡萝卜本身热量很低，每 100 克胡萝卜的热量仅为 25 千卡左右，因此食用后不用担心会让腹部变得更加肥胖。

（3）胡萝卜汁还有降低食欲的作用。如果你是个嗜甜如命、无肉不欢的人，经常喝胡萝卜汁有助于抑制想吃甜食或油腻食物的欲望，使原本味甘厚腻的口味转向清淡，想吃肉的心情也逐渐淡了下来，这样即使不用去刻意节食，小肚腩一样会变小甚至消失。

胡萝卜的选购与保存

胡萝卜中胡萝卜素的含量因部位不同而有差别，一般来说顶部比根部多，外层比中心多。因此在购买胡萝卜时，应当选择颜色较深、肉质厚实、短小紧实的为宜。另外，你还要注意挑选表皮光滑、没有损伤、叶子翠绿、手感较沉的胡萝卜，这样的胡萝卜是最新鲜的，营养成分流失也较少。

买回的胡萝卜如果是带叶的整根胡萝卜，在保存时要注意先把叶子切掉，否则叶子还会继续生长，会吸收胡萝卜中的营养。去掉叶子后，要把胡萝卜洗干净，然后晾干或擦干表皮的水分，放进保鲜袋里，再放入冰箱冷藏，这样最长可以保存 2 周时间。如果是一顿没吃完的胡萝卜，最好用沸水烫过后，再沥干水分，用保鲜袋包裹好，放入冰箱冷冻室冷藏，同时注意尽快吃完。

菠菜

菠菜是一种常见蔬菜，叶片为浓绿色，根部为红色，形似红嘴绿羽毛的鹦鹉，所以又有"鹦鹉菜"的叫法。菠菜中含有丰富的营养成分如类胡萝卜素、维生素 C、维生素 K、钙、铁等，所以还被人们称为"营养模范生"。菠菜可以用来凉拌、炒食，还可以烧汤、煮粥，不过由于菠菜中的草酸含量较多，食用以后会影响人体对钙的吸收，所以在烹制之前要把菠菜焯烫一下，以尽可能减少草酸的含量。

菠菜的减腹作用

（1）菠菜是蔬菜中营养最高的一种，维生素C和矿物质成分非常接近肉类，所以你可以用菠菜来取代一小部分肉食，这能让你摄入更少的脂肪，有助于减肥瘦腹。

（2）菠菜中含有丰富的蛋白质。吃早餐和晚餐之前，先吃上一些菠菜，能够产生较强的饱腹感，正餐自然吃得少一些。此外，经常吃菠菜，不会使人产生饥肠辘辘的感觉，不用吃其他东西来填饱肚子，也能间接减少多余热量的摄入。

（3）菠菜含有的膳食纤维还能够通肠道，促进排泄功能，预防宿便，减少脂肪的吸收，从而可以达到瘦腹的效果。

菠菜含有的钾有利尿作用，能促进钠的代谢，可以帮助排出积存在体内多余水分，有助于减轻腹部浮肿、松弛问题。

菠菜的选购与保存

菠菜一定要买最新鲜的，以充分获得其中的营养成分。所以你在挑选时，要选择植株健壮、没有折断痕迹、没有抽薹开花的菠菜，并且要选择根小色红、叶色深绿的鲜菠菜。如果叶子上有黄斑，叶背有灰毛，则表示菠菜感染了霜霉病，切勿购买。

由于菠菜的营养成分容易流失，所以购买到菠菜后要尽快吃完。如果来不及吃，也可以将菠菜放在保鲜袋中，置于冰箱中低温冷藏，可以很大程度上减少菠菜中营养物质的流失。

韭菜

韭菜又名壮阳草、长生韭、扁菜等，颜色碧绿，味道辛香浓郁，有春香、夏辣、秋苦、冬甜之说。韭菜中含有多种维生素、胡萝卜素、糖类、矿物质和膳食纤维，

可炒食，也可以做馅、做汤、做调料或腌渍，无论用于制作荤菜还是素菜，都十分提味。不过由于韭菜性温，所以容易上火的人不能多吃，而且韭菜中含有的膳食纤维较多，一次性吃太多也会刺激胃肠，可能引起腹泻、腹痛，所以每次食用最好不要超过 200 克。

韭菜的减腹作用

（1）韭菜中含有芥子油成分，能够促进脂肪分解，减少脂肪积聚。

（2）嚼食韭菜需要时间，能增强饱腹感，有助于你在减肥瘦腹期间控制饮食。

（3）韭菜中的膳食纤维可以刺激胃肠蠕动，加快胃肠道废物的排泄，减少人体对脂肪的吸收，能够缓解腹部脂肪堆积问题，使腹部不再像一个"吸铁石"一样，把自己"撑得"鼓鼓囊囊。

韭菜的选购与保存

选购韭菜时，要选择叶片肥厚整齐、颜色鲜亮有光泽、叶片上没有斑点的新鲜韭菜。你还可以检查一下韭菜根部的割口，如果割口处平整，就是新鲜的，如果中间长出芯来，可能放置时间有些长了，香味会减弱。这是因为韭菜收割后仍然继续生长，中央的嫩叶长得快，外层老叶生长慢，故形成倒宝塔状的切口。拿在手中，如果发现菜叶松松垮垮地向下垂，说明已经不新鲜了。另外，你还可以闻一下韭菜的气味，如果闻到明显的药味和刺激性气味，说明韭菜上残留大量的农药，千万不能购买。

韭菜不耐贮存，易腐烂，所以保存时一定要避免风吹、日晒、雨淋，可摊开放置于阴凉湿润处，或在 3~4℃ 的低温下短储，一般保存期为 15~20 天。另外，你也可以将扎捆的绳子解开，用报纸包好放入塑料袋中，放在冰箱冷藏就可以了。

冬瓜

冬瓜别名水芝、地芝等，是一种呈长圆柱形状或球状的蔬菜，主要产于夏季。

因为瓜熟之际，表面上有一层白粉状的东西，就好像是冬天所结的白霜，所以才被称为冬瓜和白瓜。冬瓜肉质洁白、富含汁水、口感软糯，可以炒食、红烧、炖煮，也可浸渍做成冬瓜条之类的果脯。冬瓜的果皮和种子还可以入药，有消炎、利尿、消肿的功效。

冬瓜的减腹作用

（1）冬瓜中富含丙醇二酸成分，能够有效抑制食物中糖类成分转化为脂肪，从而可以减少腹部脂肪的堆积。

（2）冬瓜具有较强的利水作用，在分解腹部脂肪的同时，还能将其随着体内多余的水分排出，不仅能防止腹部再次发胖，还有助于保持体形的健美。

（3）冬瓜本身不含脂肪，热量不高，食用后也不用担心腹部会发胖，所以很适合在瘦腹期间食用。

冬瓜的选购与保存

选购冬瓜以黑皮为佳，这种冬瓜肉厚、瓤少，可食率较高。另外，在挑选切开的冬瓜时还可以观察一下瓜子，如果瓜子颗粒饱满，说明冬瓜没有变质。同时，挑选冬瓜时要用手指压冬瓜肉，肉质紧密的冬瓜口感较好，肉质松软的冬瓜煮熟后变成"一泡水"，口感较差。

完整的冬瓜一般置于阴凉通风处即可长期保存，注意着地的一面最好用干草铺垫，不要碰掉冬瓜皮上的白霜。这层白霜不但能防止外界微生物的侵害，而且还能减少冬瓜肉内水分的蒸发。已经切开的冬瓜则不宜保存，最好尽快食用。

苹果

苹果是常见水果之一，味道酸甜可口，营养十分丰富，而且很容易被人体

吸收，并且还有美容的功效，能够让皮肤变得更加光滑细嫩，所以想要瘦腹美体的人群可以多食用一些苹果。苹果可以生吃，也可以和其他一些水果一起做成水果沙拉，营养会更加全面。苹果还可以榨汁饮用，也可以煮熟后食用。不过食用时最好不要去除苹果皮，因为其中含有很多营养成分，如果担心果皮有农药的话，可以用食盐蘸水搓洗，也可以用热水冲洗，就能洗去有害物质了。

苹果的减腹作用

（1）苹果有消耗脂肪和阻止腹腔新脂肪再生的作用，它能被人体充分吸收与消化，减轻了肠胃和肾脏的负担，使体内废物和多余热量得以充分排出，小肚子自然而然会变得平坦。

（2）苹果还是低热量的果类，富含各种人体必需的维生素，即使吃再多的苹果也不用担心热量过剩。如果感觉饥饿，只要吃上 2~3 个苹果，肚子就会饱了，可以帮你控制过于旺盛的食欲，也有助于减肥瘦腹。

（3）苹果中含有的钙、钾有助于体内多余钠的代谢，可以避免体内钠过多引起的水肿，对于消除腹部浮肿、松弛也是很有帮助的。

苹果的选购与保存

挑选苹果应以大小适中、果皮光洁、软硬适中、无虫眼和损伤、肉质细密、酸甜适度为宜。如果喜欢吃清脆多汁的，可用手指弹一下苹果表面，如果发出的声音很清脆，那这个苹果就是汁多肉脆的。另外，你还可以根据成熟程度来挑选苹果。新鲜苹果应该结实、松脆，色泽美观；成熟苹果有一定的香味，质地紧密，易于储存；未成熟的苹果颜色不好，也没有香味，贮藏后可能外形皱缩；过熟的苹果在表面轻轻加点压力很易凹陷。

苹果最好现买现吃，如果要保存整箱的苹果，可将一小碗料酒放入箱底，然后将苹果分别用柔软的纸包好放在料酒周围，最后盖上塑料布，这样即使保存 3 个月，苹果也不会因失去水分而变得皱巴巴。如果想要保存少量的苹果，也可用塑料袋装好放入冰箱冷藏，但是由于水分会较快流失，会影响到苹果的口感，所以还是应当尽快吃完。

酸奶

酸奶由牛奶发酵而成，不但保留了牛奶中的全部营养成分，还具有丰富的维生素、乳酸菌等等，并且更容易被人体消化和吸收，所以是一种营养价值很高的健康食品，而无糖、脱脂酸奶更是减肥瘦腹期间必不可缺的食物之一。酸奶可以直接饮用，也可以搭配水果食用，还可以掺入新鲜的果汁、果酱，做成更加可口的果味酸奶。另外，酸奶加入其他调味料后，还可以做成风味各异的沙拉酱，用来拌食蔬菜、水果，不仅口感更加丰富，营养也会更加全面。

酸奶的减腹作用

（1）酸奶含有大量的活性乳酸菌，能够增加体内有益因子的活性，促进肠胃蠕动，对于因便秘和体内毒素堆积而造成的腹部肥胖、肠胃胀气具有非常好的缓解作用。

（2）酸奶具有较强的饱腹感，在轻微饥饿的时候少量饮用，可以有效缓解强烈的食欲，从而可以避免因饥饿而大量进食。

（3）对于嗜甜如命的人群来说，酸奶还能够起到缓冲的作用，以免因为减肥瘦腹期间突然"戒甜"而搞得情绪低落。

酸奶的选购与保存

市面上出售的酸奶大都具有高热量的特性，因此购买时最好选择以脱脂牛奶发酵而成的原味酸奶，需要冷藏的凝固型酸奶瘦身作用最佳。挑选酸奶时应当注意包装上标明的产品成分和配料，如果配料表中出现"水""山梨酸"以及蛋白质含量标示为"不低于1.0%或0.7%"的字样，说明这只是含有乳酸菌的饮料，并不是真正的酸奶。通常，酸奶的蛋白质含量不应低于2.9%或2.3%。

酸奶容易变质，一时喝不完应当放入冰箱冷藏。夏季购买酸奶要格外注意，最好不要购买没有放在冷藏柜里保存的酸奶。

黄瓜

黄瓜果皮呈深绿色，有一种发涩的口感，果肉清香爽脆，非常可口。黄瓜富含维生素、胡萝卜素、烟酸、钙、铁、磷等营养成分，含水量更是高达90%，生吃营养价值最高，对减肥瘦腹也最有帮助。当然，为了提升口感，你也可以将黄瓜凉拌、炒菜或是煮汤。不过最好不要削去黄瓜皮，因为黄瓜皮中的营养成分比果肉还要丰富。如果担心瓜皮中有农药残留的话，可以用苏打水将黄瓜浸泡几次，再清洗干净，就可以食用了。

黄瓜的减腹作用

（1）黄瓜含有丙醇二酸成分，能减慢脂肪的分解速度，使其不会突然大量涌进血管形成堵塞。

（2）黄瓜富含水分和纤维，能够将体内多余水分和垃圾排出，降低血液中胆固醇含量，对于大腹便便的高脂血症、动脉硬化、肥胖症患者来说大有裨益。

（3）黄瓜不含糖分，含热量低，常用来充饥，有利于产生饱腹感，从而可以减少热量的摄入与腹部脂肪的堆积。

黄瓜的选购与保存

黄瓜以生吃为宜，因此最好购买看上去细长均匀，表面的刺有一点扎手，颜色看上去很新鲜的，这种黄瓜吃起来口感脆嫩、甘甜可口。在选购的时候还可以闻一闻黄瓜的气味，新鲜的黄瓜有一种特殊的清香，过老、过蔫的黄瓜则没有这种气味。另外，过粗过大的黄瓜也不宜购买，因为其中的营养成分在生长过程中已经降低很多，口感也会变差。

黄瓜不宜放在冰箱中储存，受冻后的黄瓜变黑、变软、变味，而且还会发黏长毛。所以一般存放在温度为 10~12℃的阴凉通风处即可。

燕麦

燕麦是一种低糖、高营养、高能量的食品，颇受想要减肥瘦腹的人群的喜爱。燕麦经过精细加工制成麦片，食用更加方便，口感也得到改善，成为深受欢迎的保健食品。市售的免煮燕麦片用沸水冲泡后即可食用，不过从健康角度来说，将燕麦片煮过后可以提供最大的饱腹感，减腹的作用更明显。除了水煮外，将燕麦片与牛奶、鸡蛋、豆制品等蛋白质丰富的食品搭配食用，也是一个不错的选择，这样煮过的燕麦片不仅口感好，营养价值也会更高。

燕麦的减腹作用

（1）燕麦片含有丰富的水溶性膳食纤维——燕麦胶，其除了能够降低人体胆固醇含量外，还是最有效的降脂成分，能够像海绵一样吸收人体多余的脂肪，减少脂肪被小肠的吸收，并促进肠胃蠕动将其排出体外，不占用腹部的一点空间。

（2）燕麦片还具有较强的吸水性，可以令食物膨胀并延长食物在胃中的停留时间，使人容易产生饱腹感，从而能够减少进食，达到减肥瘦腹的目的。

燕麦的选购与保存

想要减掉小肚腩，一定要选择低糖或者无糖的燕麦片。为此，你应当仔细检查配料表，并尽量购买天然燕麦片。天然燕麦片的蛋白质含量高达 13% ~ 15%，不添加任何合成物质，如砂糖、奶精、麦芽糊精、香精等。

如果包装上标识的蛋白质含量在 8% 以下，就说明燕麦片的比例过低，不适合减肥食用。

如果是大袋的燕麦片，在拆封后应尽快吃完。如果一时吃不完，应将袋口封好，放在阴凉通风处，以免受潮。只要保存得当，燕麦片的保质期可以达到半年左右。

红豆

红豆又名赤小豆、红小豆等，是瘦腹过程中不可缺少的高营养、多功能的杂粮食品，又因为它富含淀粉，因此被人们称为"饭豆"，很适合在减肥期间代餐食用。红豆可以煮汤、煮粥，也可以压成红豆泥做馅料。在烹煮前需要用水浸泡，然后将红豆连同浸泡的水一同倒入锅中，这样煮出来的红豆汤味道会更加浓郁，汤汁颜色也较为鲜艳红润。如果喜欢吃甜食，不妨在红豆汤、红豆粥中适当地加入红糖或者冰糖，这两种糖都具有不错的养生功效，非常适合女性以及身体虚弱的人食用。

红豆的减腹作用

（1）红豆富含维生素 B_1、维生素 B_2、蛋白质及多种矿物质，有补血、利尿、消肿等功效，能够帮助人体清除多余的水分，从而可以减轻肾脏和膀胱的负担，并可使小腹重新变得紧实、富有弹性，腰身的曲线更加窈窕。

（2）红豆的石碱成分可增加肠胃蠕动，减少宿便在体内的堆积，使肠道通畅无阻，小腹自然变得平坦。

红豆的选购与保存

购买红豆一定要挑选新鲜的豆粒，因为红豆越陈，水分和营养就会流失得越多，吃起来不但口感不好，减腹的效果也不佳。而新鲜的红豆颗粒饱满圆润，虽然水分较多，但是颜色并不是那么鲜红；而陈豆的颜色则会随着水分的流失，变得越来越深。

购买红豆后，最好事先将其在阳光下曝晒，然后装入密封的容器中，放一两颗花椒能够起到防虫的作用。也可以放在冰箱中保存，保存期限在20天左右。

鸡蛋

鸡蛋是一种营养丰富的食物，主要分为蛋清和蛋黄部分，最突出的优点是含有自然界中最优良的蛋白质，而且蛋白中所含的氨基酸比例很符合人体生理需要，容易被吸收利用，营养价值很高，因此被人们称作是"理想的营养库"。鸡蛋的吃法多种多样，就营养的吸收和消化来讲，煮鸡蛋最佳，煎、炒鸡蛋、蛋花汤等次之。如果要吃煮鸡蛋，应注意火候，否则煮过头或未煮熟都不利于营养成分的消化和吸收。

鸡蛋的减腹作用

（1）鸡蛋所含的蛋白质和脂肪会让人有过饱的假象，使人在一天里都会较少有饥饿感，从而可以避免摄入过多的热量，也就有效避免了因饮食过量而造成的腹部肥胖。

（2）鸡蛋黄中含有的卵磷脂是一种乳化剂，可使脂肪胆固醇乳化成极小颗粒，从血管排除后为机体所利用，从而可以达到消脂瘦腹的目的。

（3）鸡蛋中含有的维生素 B_1、维生素 B_2 有推动新陈代谢的作用，可帮助脂肪燃烧，再配合适当的运动，就能够让你腹部的脂肪慢慢消失。

鸡蛋的选购与保存

新鲜的鸡蛋应当大小均匀，蛋壳干净无破损，表面粗糙且没有光泽，但也没有黑色的斑点；将鸡蛋打碎后，蛋黄呈球状的是新鲜鸡蛋，蛋黄呈扁平状且容易破损的鸡蛋则不太新鲜。另外，人们还把在自然环境中成长的散养鸡下的蛋称为土鸡蛋或柴鸡蛋，认为这种鸡蛋比普通鸡蛋营养价值更高，但实际上二者在营养方面并无太大区别。而且市场上大批量销售的鸡蛋大多是普通饲料喂养鸡蛋，真正的土鸡蛋很少见，所以选购鸡蛋时不必刻意追求土鸡蛋。

为了维持鸡蛋的新鲜度，最好将鸡蛋尖头向下放入冰箱冷藏，能保存 1 个月左右。应当注意的是，冷藏前不要用水冲洗蛋壳或者让蛋壳表面沾上水，以免细菌侵入角质层，造成鸡蛋变质、腐败。

橄榄油

橄榄油由新鲜的油橄榄榨成，具有丰富的天然营养成分如油酸、多种维生素、抗氧化物等，非常适合人体的营养要求，有"植物油皇后"的美称，可以成为瘦腹期间植物油的最佳选择。如果既要减肥，又要保持优美的腰腹部曲线和细腻的皮肤的话，就可以用橄榄油来烹制食物。无论是凉拌菜、炒菜还是煮食物，都可以用橄榄油来代替其他植物油。凉拌菜可用初榨橄榄油，煎炒则可选用精炼橄榄油。

橄榄油的减腹作用

（1）橄榄油能够帮助消化、预防便秘，有助于促进身体排出毒素和废弃物，可达到消除腹部赘肉的目的。

（2）橄榄油能够降低胆固醇，改变血脂结构，可将胆固醇代谢为胆汁，从而起到了减肥瘦腹的作用。

（3）橄榄油中的维生素 K 和维生素 E 还能吸收皮下多余脂肪，减少脂肪的囤积，能够轻轻松松帮你消除肚腩，让最难瘦下来的腹部变得更加平坦。

橄榄油的选购与保存

橄榄油分为初榨橄榄油和精炼橄榄油两大类，初榨橄榄油在加工中完全不经化学处理，而精炼橄榄油是从榨过第一遍油的橄榄渣里提取的，营养和口味都不及初榨橄榄油。购买橄榄油时应注意几点：一是酸性值，最好的橄榄油酸性值不超过 1%，可食用的橄榄油酸性值不超过 3.3%。二是认准"特级初榨"（或称"特级原生"）的字样。三是看产地，一般西班牙、意大利和希腊出产的橄榄油质量较好。四是看色泽，橄榄油的色泽从淡黄到黄绿色不等，越清亮品质越好，越浑浊则越差。

橄榄油的保存期比其他植物油长，不过还是要注意保存，以免降低其营养价值。每次使用橄榄油后，一定要盖好瓶盖以免氧化，另外要注意避免强光照射和高温烘烤，特别是太阳光线直射。

鸡肉

鸡肉肉质细嫩，滋味鲜美，富有营养，有滋补养身作用，能够满足你在减肥瘦腹期间的营养需要，特别是能够为减肥运动后的人群提供足量的营养。鸡肉适合多种烹调方法，在减肥期间要选择热量较低的煮法、炒法、炖法，而要避免热量较高的炸法。

鸡肉的减腹作用

（1）鸡肉中富含赖氨酸和色氨酸，一方面能够减缓压力、改善睡眠，另一方面还能调节人体内分泌平衡，促进脂肪正常代谢。

（2）在减肥的过程中，适量吃些鸡肉，还可以有效控制食欲，提高饱食中枢的敏感性，降低饥饿感，是瘦腹减肥者摄取动物性蛋白质的首选食物。

（3）鸡肉的不同部位，营养成分各有差异，鸡胸脯肉的脂肪含量很低，而且富含烟酸，能起到一定的降低胆固醇的作用；而鸡翅膀却含有较多的脂肪，想减掉小肚子的人应尽量少吃些。

鸡肉的选购与保存

新鲜的鸡肉表皮紧缩，脂肪呈乳白色或淡黄色，鸡肉有光泽有弹性，手感光滑。另外新鲜鸡肉表面有光泽、微干或微湿润，不黏手，有鲜鸡肉的正常气味。你还可以用手压一压鸡肉表面，新鲜的鸡肉有弹性，指压后能立即恢复。

鸡肉比较容易变质，因此购买之后应立刻放进冰箱冷藏，可以在稍微迟一些的时候或第二天食用，吃不完的鸡肉最好煮熟之后再保存。

辣椒

辣椒香味浓郁，口感辛辣，可以作为蔬菜食用，也是重要的调味品。其中含有丰富的维生素 C、B 族维生素、胡萝卜素、钙、铁等，适量食用，对身体健康很有好处。不过要注意辣椒不能过量食用，否则会刺激胃肠黏膜，容易诱发胃肠疾病，而且容易上火的人也不能多吃辣椒，否则会引起痔疮、口腔溃疡、鼻出血等。

辣椒的减腹作用

（1）辣椒中含有辣椒素，能够刺激人体的肾上腺，进而加快新陈代谢进程，通常在第一道吃含有辣椒的菜肴就可以更好、更快地消耗掉多余的热量，对减肥瘦腹很有帮助。

（2）在消耗热量的过程中，辣椒还能帮助身体生产出两种活性酶，这两种酶质在促进脂肪细胞分解的同时，能阻止局部脂肪过量堆积，可以让你逐渐告别小肚腩。

辣椒的选购与保存

辣椒的辣度可由形状和颜色识别。从形状上看，果实细长、呈羊角形或圆锥形的辣椒较辣，特别是线形和尖形的辣椒辣味最大。从颜色上看，深红或深绿的辣味最强。而柿子形的圆椒多为甜椒，果肉越厚越甜脆。

辣椒比较容易保存。用竹筐或其他透气的用具底部垫好牛皮纸，将辣椒放满后包严实，放在气温较低的屋子或阴凉通风处，隔10天翻动一次，可保鲜2个月不坏。若喜欢吃干辣椒，可以把辣椒用绳串起来，挂在室外，自然风干。但要注意不能把辣椒直接放在冰箱里冷藏，否则容易冻伤，会使辣椒慢慢软掉。

桑葚

桑葚是桑树的果实，熟透后颜色紫红，味道酸甜可口、汁液丰富，含有丰富的水分、膳食纤维、糖类、维生素、矿物质等，常吃能够提升人体免疫力，是一种深受人们喜爱的保健食品。桑葚可以直接生吃，也可以榨汁、煮粥或熬汤，都十分健康美味。桑葚还可以入药，有养肝益肾、滋阴补血、润肠通便的功效。

桑葚的减腹作用

（1）桑葚中含有天然化合物芦丁，能够促进新陈代谢，增进能量消耗，减少腹部脂肪。

（2）桑葚还能够改善肠道功能，使肠胃蠕动速度加快，可以软化干硬的宿便，并将其随人体排便出体外。没有了便秘的困扰，小腹就会一天一天地消下去。

桑葚的选购与保存

未成熟的桑葚为红色，熟后为深紫红色，在挑选时要特别注意选择成熟的桑葚食用，而且要选择果实完整、表面饱满丰盈，没有酸臭味，口感甜或微酸的。如果桑葚发出酸臭味，或口感特别酸甚至有异味，则一定不能购买。

桑葚表皮较脆弱，容易破损，因此不宜保存。如果一时吃不完，可以放入冰箱保存 1~2 天，但要注意不能沾水。另外你还可以将桑葚做成果酱或者泡酒，然后放入冰箱中冷藏，就能保存更长的时间了。

番茄

番茄又名西红柿、洋柿子，含有丰富的胡萝卜素、维生素 C 和 B 族维生素，尤其是维生素 P 的含量为蔬菜之冠，是餐桌上的健康保健美食之一。番茄可以直接食用，也可以炒菜、榨汁、做汤。在减肥瘦腹期间，最好在每次进餐前都吃一个番茄或者饮用番茄汁，这样进餐的时候无需刻意控制饮食，只要保持每餐营养均衡即可。

番茄的减腹作用

番茄的纤维素含量高，且并不为人体消化吸收，容易使人产生饱足感，在饭前吃一个中等大小的番茄（250克），就能够减少高热量菜肴的摄入。

番茄独特的酸味还可刺激胃液分泌，促进肠胃蠕动，以助脂肪燃烧，并帮助番茄中的食物纤维在肠内吸附多余的脂肪，随着脂肪和废弃物一起排泄出来。

番茄中含有的B族维生素能够促进脂肪代谢，可缓解腹部脂肪堆积的问题。

番茄含热量低，且营养成分丰富全面，经常食用也不必担心营养不良，是瘦腹减肥的最佳食物之一。

番茄的选购与保存

挑选番茄应当选择大小均匀、表面光滑无伤痕、果实结实、果蒂部分为绿色的。果蒂周围为青色的番茄尚未成熟，不仅营养差，而且青色部分含有番茄苷，有一定毒性，千万不能食用。

除了生番茄外，超市里还出售番茄酱、番茄泥、番茄汁和罐头番茄等，在购买的时候应注意看其是否添加了过多的成分。

番茄最好现买现吃，如果买到的是青番茄，可以将番茄放入塑料袋中，扎进袋口并置于阴凉通风处，每隔一天打开塑料袋透气，擦干番茄上的水珠后再扎紧袋口，几天后就可以吃了。而煮熟的番茄也可以短暂保存，但最好放入冰箱冷藏，但注意不可超过10小时。

PART 3

美味减腹餐，吃出好身材

　　当你为了自己的腹部赘肉而烦恼时，除了可以进行适量的运动健身外，还要注意将食物吃对、吃好，要知道，饮食也是减掉小肚腩的关键法宝。在这里推荐一些能够瘦腹消脂的菜肴，可以让你在大快朵颐的同时不用再为胖胖的腹部发愁。

低脂高蛋白秘籍：解锁健康食材，塑造紧致线条

鸡肉拌蔬菜

材料

鸡肉 100 克，圣女果 60 克，生菜、紫叶生菜各 100 克，盐、胡椒粉、食用油各适量

做法

1. 圣女果洗净，切块；生菜、紫叶生菜洗净，切段。

2. 鸡肉洗净，切块，放盐、胡椒粉、食用油腌渍 10 分钟。

3. 油锅烧热，放入鸡肉，两面炸熟，盛出。

4. 取一碗，放入圣女果、生菜、紫叶生菜，拌匀。

5. 放上鸡肉即可。

热量
176 千卡

煎三文鱼

材料

三文鱼柳 1 块，胡萝卜、土豆、甜椒各 80 克，青豆 50 克，柠檬 1 个，杂粮面包少许，盐、胡椒粉、橄榄油各适量

做法

1. 甜椒洗净，去籽，切小块；土豆去皮洗净切丁；胡萝卜洗净切丁；柠檬切片。

2. 三文鱼柳洗净，切大块，挤上几滴柠檬汁抹匀，加少许盐、胡椒粉腌渍 15 分钟。

3. 平底锅开火，加少许油烧热，放入三文鱼柳，两面煎熟，盛出装盘。

4. 锅底留油，放入胡萝卜、土豆、甜椒、青豆，炒熟，加盐调味，盛出装盘。

5. 搭配杂粮面包食用即可。

牛肉炒甜椒

材料

牛肉 200 克，红甜椒、黄甜椒、青甜椒各 80 克，蒜片 10 克，盐 2 克，胡椒粉、鸡粉各 3 克，料酒 10 毫升，生抽 5 毫升，蚝油 5 克，食用油适量

做法

1. 洗好的红甜椒、黄甜椒、青甜椒切开，去籽，切条形。

2. 洗好的牛肉切条，放入碗中，加入适量盐、胡椒粉、料酒，腌渍 10 分钟。

3. 用油起锅，倒入蒜片爆香。

4. 放入红甜椒、黄甜椒、青甜椒、牛肉，炒匀。

5. 加入料酒、蚝油、生抽，炒匀，加入盐、鸡粉，翻炒入味，盛出装盘即可。

热量

270 千卡

虾仁沙拉

材料

面包 60 克，虾仁 100 克，黄瓜 100 克，圣女果 60 克，生菜、菠菜各 50 克，盐、蛋黄酱各适量

做法

1. 面包撕小块，烤至金黄色；黄瓜、圣女果洗净，切块；生菜、菠菜洗净，切段。

2. 虾仁入沸水锅中煮熟，捞出待用。

3. 将生菜、菠菜放入沸水锅中焯一下，捞出。

4. 取一碗，放入面包、虾仁、黄瓜、圣女果、生菜、菠菜。

5. 加盐、蛋黄酱，搅拌均匀即可。

鱼排蔬菜

材料

三文鱼 200 克，西蓝花 80 克，花菜 60 克，土豆、胡萝卜各 50 克，圣女果 30 克，盐、胡椒粉、橄榄油各适量

做法

1. 三文鱼中放盐、胡椒粉、橄榄油腌渍 10 分钟，放入烤箱烤 20 分钟，取出装盘。

2. 圣女果切开；西蓝花、花菜洗净，切块；土豆去皮切块；胡萝卜切条。

3. 锅中放清水烧开，倒入西蓝花、花菜、土豆、胡萝卜煮熟，捞出，放在三文鱼盘中即可。

热量
397 千卡

鸡胸肉和芦笋

材料

鸡胸肉 1 块，芦笋 100 克，豆角、西蓝花各 80 克，胡萝卜 50 克，青豆少许，盐、黑胡椒粉、料酒、橄榄油各适量

做法

1. 芦笋洗净，切开；西蓝花切小朵；胡萝卜切片；豆角洗净。

2. 鸡胸肉洗净，加少许盐、黑胡椒粉、料酒腌渍 15 分钟。

3. 平底锅开火，加少许橄榄油烧热，放入鸡胸肉，两面煎熟，捞出装盘。

4. 另起锅，放入清水烧开，放盐，放入芦笋、豆角、西蓝花、胡萝卜、青豆，煮熟，捞出装盘即可。

PART3 美味减腹餐，吃出好身材

金枪鱼紫甘蓝沙拉

材料

金枪鱼肉罐头 80 克，胡萝卜、紫甘蓝各 70 克，生菜 50 克，鸡蛋 1 个，盐少许

做法

1. 胡萝卜、紫甘蓝洗净，切丝；生菜洗净，切碎。
2. 将鸡蛋煮熟，去皮，切成两瓣，放在盘中。
3. 锅中烧开水，放少许盐，放胡萝卜、紫甘蓝煮 1 分钟，捞出装盘。
4. 将鱼肉、生菜放盘中，拌匀，即可食用。

热量

211 千卡

甜椒炒肉

材料

里脊肉 180 克，红甜椒、黄甜椒各 60 克，熟白芝麻少许，盐 2 克，胡椒粉、鸡粉各 3 克，料酒 10 毫升，生抽 5 毫升，蚝油 5 克，食用油适量

做法

1. 洗好的红甜椒、黄甜椒切开，去籽，切成条。

2. 洗好的里脊肉切条，放入碗中，加入 1 克盐、胡椒粉、5 毫升料酒，腌渍 10 分钟。

3. 用油起锅，倒入红甜椒、黄甜椒，爆香，放入里脊肉，炒匀；加入料酒、蚝油、生抽，炒匀；加入盐、鸡粉，翻炒入味，盛出装盘，撒上熟白芝麻即可。

牛肉蔬菜玉米饼

材料

玉米脆饼适量，牛肉 150 克，生菜、甜椒各 80 克，胡萝卜、西红柿各 30 克，盐、鸡粉、孜然粉、生抽、白糖、生粉、食用油各适量

做法

1. 生菜洗净，切碎；甜椒洗净，切丁；胡萝卜洗净，切丝；西红柿切开，剁成末。

2. 牛肉洗净，剁成肉末，加盐、孜然粉、生抽、生粉、食用油腌渍 15 分钟。

3. 用油起锅，放入甜椒爆香，放入牛肉炒熟，再放入胡萝卜、西红柿、生菜炒匀，加盐、白糖、生抽、鸡粉炒匀调味，盛出装盘，待用。

4. 烤箱预热至 230℃，将玉米脆饼两面刷少许油，放在烤盘上，放入烤箱烤 10 分钟，至两面金黄。

5. 取出玉米脆饼，稍放凉后对折，放上炒好的牛肉蔬菜即可。

热量
371 千卡

鸡蛋蟹柳

材料

鸡蛋 2 个，蟹柳 60 克，生菜、黄瓜、南瓜各 50 克

做法

1. 生菜洗净，摆盘中；南瓜去皮，切块；黄瓜洗净，切片。

2. 锅中放入清水烧开，放入南瓜、蟹柳煮熟，捞出放在生菜上。

3. 把鸡蛋煮熟，剥壳，切成块，放在盘中，再放入黄瓜即可。

PART3 美味减腹餐，吃出好身材

芦笋炒鸡胸肉

材料

鸡胸肉 1 块，芦笋 200 克，盐 2 克，黑胡椒粉、鸡粉各 3 克，料酒 10 毫升，食用油适量

做法

1. 洗好的芦笋切段。

2. 洗好的鸡胸肉切小块，放入碗中，加入适量盐、黑胡椒粉、料酒，腌渍 10 分钟。

3. 用油起锅，倒入鸡胸肉、芦笋，炒熟，加入盐、鸡粉，翻炒入味。

4. 盛出装盘即可。

热量
239 千卡

热量
373 千卡

鱼丸蔬菜沙拉

材料

鱼丸 150 克，西红柿 1 个，鸡蛋 2 个，菠菜、洋葱各 60 克，盐、食用油各少许

做法

1. 鸡蛋煮熟，剥壳，切开；西红柿切块；洋葱洗净，切丝；菠菜洗净，切段。

2. 锅中注水烧开，放少许盐、食用油，放入鱼丸、菠菜煮熟。

3. 将鱼丸、西红柿、鸡蛋、菠菜、洋葱装盘即可。

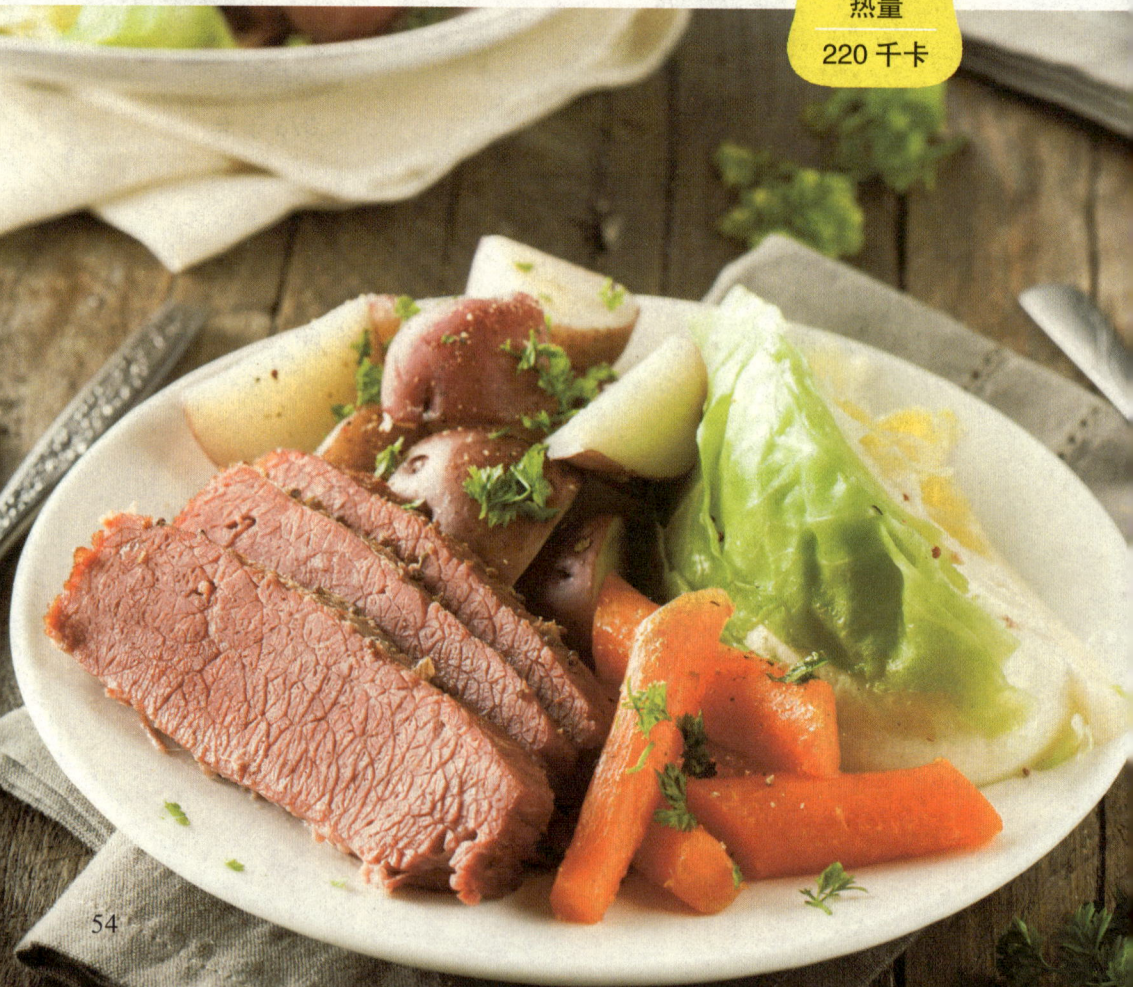

酱牛肉蔬菜

材料

酱牛肉 80 克，土豆、胡萝卜各 100 克，包菜 50 克，香菜、盐、食用油各少许

做法

1. 酱牛肉切片；土豆洗净，切块；胡萝卜切条；包菜切开。
2. 锅中注水烧开，放少许盐、食用油，再放入土豆、胡萝卜、包菜煮熟。
3. 将酱牛肉、土豆、胡萝卜、包菜、香菜装盘即可。

热量
220 千卡

芦笋兰花蚌

材料

兰花蚌 100 克，芦笋 200 克，黄甜椒、红甜椒各 30 克，盐 2 克，胡椒粉、鸡粉各 3 克，食用油适量

做法

1. 洗好的芦笋切滚刀块；兰花蚌洗净；黄甜椒、红甜椒洗净去籽，切块。
2. 用油起锅，倒入黄甜椒、红甜椒爆香，倒入兰花蚌、芦笋，大火快速炒熟。
3. 加入盐、鸡粉、胡椒粉，翻炒入味，盛出装盘即可。

PART3 美味减腹餐，吃出好身材

美味虾串

材料

虾仁 100 克，小土豆 100 克，圣女果 80 克，洋葱 60 克，青椒 50 克，盐、胡椒粉、食用油各适量

做法

1.小土豆去皮洗净，切块；洋葱、青椒切块。

2.将虾仁、小土豆、圣女果、洋葱、青椒装碗中，倒入盐、胡椒粉、食用油，搅拌均匀。

3.用竹签把食材穿起来，放入烤箱或者微波炉，烤熟即可。

热量
295 千卡

土豆培根鱼串

材料

小土豆 150 克，鱼片 100 克，圣女果、培根各 30 克，葱段、荠菜、洋葱各 50 克，盐、胡椒粉、生抽、食用油各少许

做法

1. 小土豆去皮，洗净；鱼片洗净，刷少许食用油、盐、胡椒粉、生抽腌渍 10 分钟；荠菜洗净，去除根部；洋葱切圈；圣女果切开。

2. 将鱼片、圣女果、培根片用竹签穿起来，放在烤盘中，撒上洋葱圈、葱段，放入微波炉或烤箱烤熟，取出装盘。

3. 锅中倒入清水烧开，放入小土豆和荠菜煮熟，捞出，放在装有鱼片的盘中即可。

三文鱼柳蔬菜沙拉

材料

三文鱼柳 1 块，红甜椒、黄甜椒、青甜椒各 80 克，洋葱 50 克，芹菜叶少许，柠檬 1 个，盐、胡椒粉、橄榄油、罗勒叶各适量

做法

1.红甜椒、黄甜椒、青甜椒分别洗净去籽，切小块；洋葱洗净切丁；柠檬切开；罗勒叶切碎。

2.三文鱼柳洗净，挤上几滴柠檬汁抹匀，加少许盐、胡椒粉腌渍 15 分钟。

3.平底锅开火，加少许橄榄油烧热，放入三文鱼柳，两面煎熟，捞出装盘。

4.锅底留油，放入洋葱、红甜椒、黄甜椒、青甜椒、芹菜叶，炒熟，加盐调味，盛出装盘，撒上碎罗勒叶即可。

热量
266 千卡

鸡肉牛油果沙拉

材料

鸡肉、牛油果各 100 克，柠檬半个，杧果 80 克，生菜 50 克，姜片少许，盐、黑胡椒粉各适量

做法

1. 鸡肉切片，放盐、黑胡椒粉腌渍 10 分钟；牛油果去核，切块；柠檬切片；杧果去皮，切块；生菜洗净，铺在碗中。

2. 锅中烧开水，放入姜片，再放入鸡肉煮熟，捞出。

3. 取一碗，放入鸡肉、牛油果、柠檬、杧果，加黑胡椒粉拌匀。

4. 放在生菜碗中即可。

PART3 美味减腹餐，吃出好身材

胡椒牛排

材料

牛排 300 克，茄子 60 克，玉米、土豆各 80 克，西葫芦、圣女果、豆角、红椒、洋葱、口蘑各 50 克，胡椒 10 克，蒜片 5 克，盐、淀粉各 3 克，老抽 5 毫升，味精 1 克，高汤 30 毫升，食用油适量

做法

1. 牛排洗净，切块，加入盐、淀粉腌渍。

2. 锅中倒油烧热，倒入牛排煎至八成熟后，捞出控油。

3. 锅中留油烧热，放入胡椒、蒜片、牛排，加入高汤，煮至牛排熟透，加入老抽、味精调味，收汁，盛出装盘。

4. 茄子洗净，切片；玉米切小段；圣女果、西葫芦切片；土豆去皮，切块；红椒、洋葱、口蘑切块；豆角洗净。

5. 将所有蔬菜装入烤盘，放入盐和食用油拌匀，放入烤箱烤熟。

6. 取出蔬菜，摆在牛排旁边即可。

热量
302 千卡

柠檬香草鸡

材料

鸡胸肉 1 块，芦笋 100 克，生菜、紫叶生菜各 60 克，红色圣女果、黄色圣女果各 50 克，柠檬 1 个，香草少许，盐、黑胡椒粉、料酒、橄榄油各适量

做法

1. 芦笋洗净；生菜、紫叶生菜洗净，撕小块；圣女果切块；柠檬切片。

2. 鸡胸肉洗净，加盐、黑胡椒粉、料酒、香草腌渍 15 分钟。

3. 平底锅开火，加少许橄榄油烧热，放入鸡胸肉、柠檬片，两面煎熟，捞出装盘。

4. 锅底留油，放入芦笋炒熟，放少许盐调味，盛出装盘，放上生菜、圣女果、香草即可。

PART3 美味减腹餐，吃出好身材

蔬菜鱼片

材料

鱼片 150 克，西葫芦 80 克，圣女果 30 克，香草少许，盐、胡椒粉、橄榄油各适量

做法

1. 西葫芦洗净，切片。

2. 烤盘中铺上锡纸，放入鱼片、西葫芦、圣女果，放入盐、胡椒粉、橄榄油，拌匀。

3. 用锡纸包起食材，放入烤箱中层，200℃烤 20 分钟。

4. 取出，将烤好的食材装盘，撒上香草即可。

热量
317 千卡

香煎三文鱼柳

材料

三文鱼柳 1 块，土豆、甜椒、西葫芦各 80 克，西蓝花 100 克，盐、胡椒粉、橄榄油、罗勒叶各适量

做法

1. 甜椒洗净去籽，切条；土豆去皮洗净，切块；西葫芦切块；西蓝花切小朵。

2. 三文鱼柳洗净，加少许盐、胡椒粉腌渍 15 分钟。

3. 平底锅开火，加少许油烧热，放入三文鱼柳，两面煎熟，盛出装盘。

4. 锅底留油，放入土豆、甜椒、西葫芦、西蓝花，炒熟，加盐调味，盛出装盘，放上罗勒叶即可。

土豆肉丸

材料

鸡肉 400 克，土豆 150 克，红椒 30 克，盐 3 克，鸡粉 2 克，淀粉 10 克，食用油适量

做法

1. 土豆去皮，切块；红椒切块。

2. 鸡肉剁成泥，装碗，倒入盐、鸡粉、淀粉拌匀，腌渍 10 分钟至入味，捏成肉丸，装碗待用。

3. 油锅烧热，放入红椒爆香，加适量清水烧开，倒入肉丸、土豆。

4. 盖上盖子，用小火煮 20 分钟至食材熟软。

5. 转大火，加盐、鸡粉调味，收汁，盛出装盘即可。

热量
396 千卡

香菇鸡

材料

鸡块 150 克，青豆 65 克，四季豆 50 克，水发香菇 70 克，姜片、葱段、八角各少许，盐 3 克，生抽 6 毫升，料酒 4 毫升，鸡粉 2 克，水淀粉 4 毫升，食用油适量

做法

1. 用油起锅，倒入八角、葱段、姜片、鸡块，炒匀。
2. 加入料酒、香菇、青豆、四季豆，炒匀。
3. 放入生抽、清水、盐，煮 30 分钟至入味。
4. 加入鸡粉、水淀粉，炒片刻，将烧好的食材盛出即可。

PART3 美味减腹餐，吃出好身材

烤三文鱼西蓝花

材料

三文鱼 100 克，西蓝花 80 克，圣女果 30 克，罗勒叶少许，盐、胡椒粉、橄榄油各适量

做法

1. 三文鱼切块；圣女果切开；西蓝花切块。
2. 烤盘中铺上锡纸，放入三文鱼、西蓝花、圣女果，放入盐、胡椒粉、橄榄油，拌匀。
3. 用锡纸包起食材，放入烤箱中层，200℃烤 20 分钟。
4. 取出装盘，放入罗勒叶即可。

热量
178 千卡

泰国牛肉沙拉

材料

熟牛肉 150 克，洋葱 60 克，红椒 30 克，水发粉丝 60 克，圣女果 50 克，蒜末、香菜各少许，盐 3 克，生抽 2 毫升，鸡粉 2 克，芝麻油 2 毫升，辣椒油 3 毫升，食用油适量

做法

1. 熟牛肉切片，备用；洋葱洗净，切丝；红椒切圈；圣女果切块。

2. 锅中注水烧开，加入少许食用油、盐，倒入粉丝，煮至食材熟透，捞出，装盘。

3. 放入备好的熟牛肉、洋葱、红椒、圣女果、蒜末、香菜，加入适量盐、生抽、鸡粉、芝麻油，用筷子搅拌匀。

4. 淋入辣椒油，拌匀即可。

烤鸡肉蔬菜

材料

鸡胸肉 1 块，西蓝花、胡萝卜、洋葱各 60 克，生抽、辣椒酱、盐、食用油各少许

做法

1. 胡萝卜洗净，切片；西蓝花、洋葱切块。

2. 烤盘中铺上锡纸，放入鸡胸肉、西蓝花、胡萝卜、洋葱，放入生抽、辣椒酱、盐、食用油，拌匀。

3. 用锡纸包起食材，放入烤箱中层，200℃烤 20 分钟。

4. 取出装盘即可。

热量
267 千卡

芦笋和金枪鱼沙拉

材料

罐头金枪鱼肉 80 克，土豆 100 克，芦笋、生菜各 70 克，鸡蛋 2 个，黑橄榄、盐、黑胡椒粉各少许

做法

1. 土豆去皮洗净，切块；生菜、芦笋洗净。

2. 将鸡蛋煮熟，去皮，切成两瓣，放在盘中。

3. 锅中烧开水，放少许盐，放入土豆、芦笋煮 1 分钟，捞出装盘。

4. 将鱼肉、生菜、黑橄榄放盘中，加盐和黑胡椒粉拌匀，即可食用。

PART3 美味减腹餐，吃出好身材

虾仁炒蔬菜

材料

虾仁 120 克，荷兰豆 100 克，西蓝花 80 克，红椒 20 克，盐少许，水淀粉 4 毫升，生抽、老抽、食用油各适量

做法

1. 洗净的西蓝花切小块。

2. 锅中注入适量清水烧开，放少许盐，倒入荷兰豆、西蓝花，搅拌匀，煮 1 分钟，捞出，沥干水分。

3. 锅中倒入食用油，放入红椒爆香，加入虾仁翻炒，再放入荷兰豆、西蓝花，翻炒均匀，加入适量清水，放入盐、生抽、老抽，翻炒均匀，放入水淀粉。

4. 关火后把炒好的食材盛出，装入盘中即可。

热量

127 千卡

热量
169 千卡

鸡肉茄子西葫芦

材料

鸡胸肉 100 克，茄子、西葫芦各 60 克，圣女果 30 克，生抽、辣椒酱、蒜末、盐、食用油各少许

做法

1. 茄子、西葫芦洗净，切片；圣女果切开。
2. 烤盘中铺上锡纸，放入鸡胸肉、茄子、西葫芦、圣女果，放入生抽、辣椒酱、蒜末、盐、食用油，拌匀。
3. 用锡纸包起食材，放入烤箱中层，200℃烤 20 分钟。
4. 取出装盘即可。

牛肉沙拉

材料

熟牛肉 150 克，洋葱 60 克，红椒 30 克，胡萝卜 60 克，圣女果 50 克，生菜叶 2 片，蒜末、香菜各少许，盐 3 克，生抽 2 毫升，鸡粉 2 克，芝麻油 2 毫升，食用油适量

做法

1. 熟牛肉切片，备用；洋葱、胡萝卜、红椒洗净，切丝；圣女果切块；生菜叶洗净，铺在盘中。

2. 锅中注水烧开，加入少许食用油、盐，倒入胡萝卜，煮至食材熟透，捞出，装碗备用。

3. 碗中放入备好的熟牛肉、洋葱、红椒、圣女果、蒜末、香菜，加入盐、生抽、鸡粉，用筷子搅拌匀。

4. 淋入芝麻油拌匀，至食材入味，放在生菜上即可。

热量
236 千卡

鸡肉沙拉

材料

鸡胸肉 3 块，菠菜、豆角、西葫芦各 60 克，圣女果、洋葱各 30 克，辣椒酱、盐、黑胡椒粉、料酒、橄榄油各适量

做法

1. 菠菜洗净，切段；豆角洗净；西葫芦切片；圣女果切开。

2. 鸡胸肉洗净，加盐、黑胡椒粉、料酒腌渍 15 分钟。

3. 锅中放入清水烧开，放少许盐，放入菠菜、豆角、西葫芦，煮熟，捞出装盘。

4. 另起平底锅开火，加少许油烧热，放入洋葱爆香，再放入鸡胸肉，两面煎熟，抹上少许辣椒酱，盛出装盘即可。

虾仁蔬菜沙拉

材料

虾仁 100 克，玉米粒 100 克，西蓝花、圣女果各 60 克，西葫芦 80 克，盐、蛋黄酱各适量

做法

1. 圣女果、西葫芦、西蓝花洗净，切块。

2. 虾仁放入沸水锅中煮熟，剥去外壳，待用。

3. 将玉米粒、西葫芦、西蓝花放入沸水锅中煮熟，捞出。

4. 取一小碗，放入虾仁、圣女果、西葫芦、玉米粒、西蓝花。

5. 加盐、蛋黄酱，搅拌均匀后装盘即可。

热量
213 千卡

鸡胸肉配绿色沙拉

材料

鸡胸肉 1 块，生菜 80 克，紫甘蓝、红椒各 60 克，盐、胡椒粉、料酒、橄榄油各适量

做法

1. 生菜洗净，切段，摆在盘中；紫甘蓝、红椒切丝。

2. 鸡胸肉洗净，加少许盐、胡椒粉、料酒腌渍 15 分钟。

3. 锅中放入清水烧开，放盐，放入紫甘蓝、红椒，煮熟，捞出装盘。

4. 平底锅开火，加少许油烧热，放入鸡胸肉，两面煎熟，捞出，切成片，装盘即可。

虾仁拌蔬菜

材料

鲜虾 100 克，胡萝卜 60 克，圣女果 50 克，生菜叶 2 片，盐、蛋黄酱各适量

做法

1. 圣女果洗净，切块；胡萝卜洗净，切丝；生菜叶洗净，摆盘中。
2. 鲜虾放入沸水锅中煮熟，剥去外壳，取虾仁待用。
3. 将胡萝卜放入沸水锅中煮熟，捞出。
4. 取一小碗，放入虾仁、胡萝卜、圣女果，加盐、蛋黄酱，搅拌匀。
5. 盛出放在生菜叶上即可。

热量
88 千卡

热量
137 千卡

牛肉蔬菜沙拉

材料

酱牛肉 100 克，西红柿 1 个，荠菜 50 克，生菜、紫叶生菜各 60 克，盐、食用油各少许

做法

1.酱牛肉切片；西红柿洗净，切块；荠菜洗净，切去根部；生菜、紫叶生菜洗净，撕碎，待用。

2.锅中注水烧开，放盐、食用油，再放入荠菜煮熟。

3.将酱牛肉、西红柿、生菜、紫叶生菜、荠菜装盘即可。

鸡肉拌蔬菜

材料

鸡胸肉 1 块，菠菜 80 克，西红柿 80 克，玉米粒 100 克，黄瓜 60 克，盐、胡椒粉、料酒、食用油各适量

做法

1. 菠菜洗净；西红柿切块；黄瓜洗净，切片。

2. 鸡胸肉洗净，加盐、胡椒粉、料酒腌渍 15 分钟。

3. 锅中放入清水烧开，放少许盐，放入菠菜、玉米粒稍煮，捞出装盘，再放上西红柿、黄瓜。

4. 平底锅开火，加少许油烧热，放入鸡胸肉，两面煎熟，捞出，切成片，装盘即可。

热量
352 千卡

水煮鸡肉蔬菜

材料

鸡胸肉半块，胡萝卜、土豆、西蓝花各 100 克，盐、生抽、料酒、橄榄油各适量

做法

1. 胡萝卜切条；西蓝花切小朵；土豆去皮，切块。

2. 鸡胸肉洗净，加盐、生抽、料酒腌渍 15 分钟。

3. 平底锅开火，加少许油烧热，放入鸡胸肉，两面煎熟，捞出装盘。

4. 另起锅，放入清水烧开，放少许盐，放入西蓝花、胡萝卜、土豆，煮熟，捞出装盘即可。

PART3 美味减腹餐，吃出好身材

79

干豆腐金针菇烤串

材料

培根、干豆腐各 80 克，金针菇、香菜各 60 克，盐、黑胡椒、食用油各适量

做法

1. 培根、干豆腐切片；金针菇、香菜洗净。

2. 将金针菇、香菜放一起，加入盐和黑胡椒、食用油拌匀。

3. 将蔬菜放在培根片和干豆腐中，卷起来，用牙签固定。

4. 把卷好的蔬菜卷放烤箱里，上下各 230℃，烤 10 分钟。

5. 将蔬菜卷翻面，刷上少许食用油，再烤 5 分钟，取出即可。

热量
400 千卡

豆腐拌炒蔬菜

材料

豆腐 200 克，玉米笋 100 克，虾仁 80 克，西红柿 1 个，青椒 20 克，香菜、盐各少许，水淀粉 4 毫升，生抽、老抽、食用油各适量

做法

1. 洗净的豆腐切小块；洗好的玉米笋切块；西红柿切小块。

2. 锅中注入适量清水烧开，放少许盐，倒入切好的玉米笋、豆腐，搅拌均匀，煮 1 分钟，捞出，沥干水分。

3. 锅中倒入适量食用油，放入豆腐，翻炒至稍呈黄色，加入虾仁、玉米笋、西红柿、青椒，翻炒均匀，加入适量清水，放入适量盐、生抽、老抽，翻炒均匀，放入水淀粉。

4. 关火后把炒好的食材盛出，装入盘中，撒上香菜即可。

蔬菜的华丽变身：
清新爽口，饱腹又轻盈

香菇木耳菠菜

材料

菠菜 200 克，水发木耳 70 克，鲜香菇 45 克，姜末、蒜末、葱花各少许，盐、鸡粉各 2 克，料酒 4 毫升，橄榄油适量

做法

1. 洗好的香菇去蒂，切成小块；木耳撕成小朵；菠菜切去根部，再切成长段，待用。

2. 锅置火上，淋入少许橄榄油，烧热，倒入蒜末、葱花、姜末，爆香。

3. 放入香菇、木耳，炒匀炒香，淋入料酒，炒匀。

4. 倒入菠菜，用大火炒至变软，加入盐、鸡粉，炒匀调味，关火盛出装盘即可。

热量
186 千卡

热量
174 千卡

竹笋豆腐汤

材料

豆腐 150 克，竹笋 120 克，西红柿 80 克，姜片、葱花各少许，盐、鸡粉各 2 克，食用油适量

做法

1. 竹笋洗净，切块；豆腐切块；西红柿洗净切块。

2. 油锅烧热，倒入姜片爆香，倒入豆腐稍炸，注入适量清水煮开。

3. 倒入竹笋、西红柿，大火煮沸后转小火煮 15 分钟。

4. 加入盐、鸡粉调味，盛出装碗，撒上葱花即可。

什锦蔬菜盘

材料

土豆 100 克，西蓝花、花菜各 80 克，香菇 10 克，秀珍菇、红甜椒各 30 克，盐、食用油各少许

做法

1. 土豆去皮洗净，切粗条；西蓝花、花菜分别洗净，切小朵；香菇、秀珍菇洗净；红甜椒去籽切丝。

2. 锅中注水烧开，放少许盐、食用油，再放入土豆、西蓝花、花菜、香菇、秀珍菇、红甜椒煮熟，捞出装盘即可。

热量
152 千卡

清炒苦瓜

材料

苦瓜 250 克，红椒 20 克，盐 1 克，鸡粉 2 克，食用油适量

做法

1. 洗净的苦瓜切片。

2. 锅中烧开水，放入苦瓜煮 1 分钟，捞出。

3. 油锅烧热，放入红椒爆香，放入苦瓜炒熟。

4. 放盐、鸡粉调味，盛出装盘即可。

PART3 美味减腹餐，吃出好身材

85

蚕豆茭白

材料

蚕豆、茭白各 100 克，盐、鸡粉各 2 克，食用油适量

做法

1. 洗净的茭白切片。

2. 锅中烧开水，放入蚕豆、茭白煮 1 分钟，捞出。

3. 油锅烧热，放入蚕豆、茭白炒熟。

4. 放盐、鸡粉调味，盛出装盘即可。

热量
367 千卡

甜椒炒杂蔬

材料

西蓝花、黄彩椒各 60 克，洋葱、荷兰豆各 40 克，胡萝卜、小油菜各 30 克，蒜末少许，盐、鸡粉各 3 克，食用油适量

做法

1. 西蓝花切小朵；洋葱切块；黄彩椒去籽，切丝；胡萝卜去皮切丝；小油菜掰成片。

2. 锅中水烧开，放入荷兰豆、西蓝花，焯至断生。另用油起锅，放入蒜末爆香，倒入胡萝卜丝、洋葱，翻炒至软。

3. 放入小油菜和焯过水的食材，炒匀。

4. 加入盐、鸡粉，炒匀调味即可。勺米饭，轻轻压一压，四角叠起，切成三角形即成。

蚝油香菇芥蓝

材料

芥蓝 200 克，香菇 80 克，蒜片 15 克，蚝油 5 克，生抽 10 毫升，盐、鸡粉各 3 克，食用油适量

做法

1. 芥蓝、香菇洗净；准备半碗水，加入蚝油、生抽、盐、鸡粉搅匀，制成味汁。
2. 锅中放入清水烧开，放入芥蓝、香菇煮 1 分钟，捞出装盘。
3. 油锅烧热，加入蒜片炒香，加入味汁，小火煮开。
4. 将味汁浇在芥蓝、香菇上即可。

热量
103 千卡

凉拌干豆腐丝

材料

干豆腐丝 150 克，葱段、香菜各 15 克，蒜末、辣椒、鸡粉各少许，盐 3 克，芝麻油 5 毫升，食用油适量

做法

1. 锅中注入适量清水，用大火烧开，放入食用油、盐，再下入干豆腐丝，搅拌均匀，煮约 1 分钟，捞出，放入碗中。

2. 加入葱段、香菜、盐、鸡粉、蒜末、辣椒，再淋入芝麻油，搅拌约 1 分钟至食材入味。

3. 将拌好的食材装在盘中即可。

清炒杂蔬

材料

荷兰豆、西蓝花各 100 克，胡萝卜 80 克，洋葱 50 克，蒜末、甜椒各少许，盐 4 克，鸡粉 2 克，料酒 10 毫升，食用油适量

做法

1. 荷兰豆洗净；西蓝花切小块；胡萝卜、洋葱、甜椒切丝。
2. 用油起锅，倒入蒜末、洋葱、甜椒，翻炒出香味。
3. 倒入荷兰豆、西蓝花、胡萝卜，淋入料酒，炒匀。
4. 加入盐、鸡粉，炒匀调味，关火后盛出即可。

热量
127 千卡

西葫芦炒玉米

材料

西葫芦 150 克，玉米粒 120 克，红椒 50 克，罗勒叶、洋葱各少许，盐、鸡粉、料酒、食用油各适量

做法

1. 洗净去皮的西葫芦切小块；红椒去籽切小块；洋葱切丝。

2. 用油起锅，放入洋葱、红椒爆香，倒入西葫芦和玉米粒，快速炒匀，淋入料酒，炒匀提味，翻炒至食材八成熟。

3. 加入盐、鸡粉，炒匀调味，用中火翻炒至食材熟透，放入罗勒叶装饰即可。

凉拌芦笋

材料

芦笋 250 克，大葱丝 30 克，蒜末 20 克，辣椒、鸡粉各少许，盐 3 克，生抽、芝麻油各 5 毫升，食用油适量

做法

1.锅中注入适量清水，用大火烧开，放入食用油、盐，放入芦笋，搅拌匀，煮约 1 分钟，捞出，摆入盘中。

2.放上大葱丝、蒜末，再淋入芝麻油。

3.用油起锅，倒入辣椒爆香，调入生抽、鸡粉、盐，搅匀，趁热浇在芦笋上即可。

热量
90 千卡

胡萝卜青豆炒玉米

材料

胡萝卜 150 克，玉米粒 120 克，红椒 50 克，青豆 60 克，洋葱、盐、鸡粉、料酒、食用油各适量

做法

1. 洗净去皮的胡萝卜切片；红椒去籽切块。

2. 用油起锅，放入洋葱、红椒爆香，倒入胡萝卜、玉米粒、青豆，快速炒匀，淋入料酒，炒匀提味，翻炒至食材八成熟。

3. 加入盐、鸡粉，炒匀调味，用中火翻炒至食材熟透即可。

PART3 美味减腹餐，吃出好身材

青红椒炒干豆腐

材料

干豆腐 100 克，青椒、红椒各 30 克，盐 3 克，鸡粉 2 克，老抽 2 毫升，料酒 4 毫升，生抽 5 毫升，水淀粉、食用油各适量

做法

1. 洗净的青椒、红椒切成段；洗好的干豆腐切条形。

2. 用油起锅，放入青椒、红椒，爆香，倒入干豆腐，淋料酒，炒香、炒透。

3. 加许盐、老抽、生抽、鸡粉，轻轻翻动，转中火炖煮约 2 分钟，至食材入味。

4. 用大火收汁，倒入水淀粉，翻炒至汤汁收浓、食材熟透，关火后盛出即可。

热量
343 千卡

热量

276 千卡

腐竹沙拉

材料

腐竹 60 克，胡萝卜、蒜末、葱花、香菜各少许，盐 3 克，生抽 2 毫升，鸡粉 2 克，芝麻油 2 毫升，辣椒油 3 毫升，食用油适量

做法

1. 腐竹泡发，切段，备用；胡萝卜切细丝。

2. 锅中注水烧开，加入少许食用油、盐，倒入腐竹、胡萝卜丝，煮至食材熟透，捞出，备用。

3. 放入备好的蒜末、葱花、香菜，加入盐、生抽、鸡粉、芝麻油，用筷子搅拌匀。

4. 淋入辣椒油，拌匀即可。

胡萝卜丝凉拌豆腐皮

材料

豆腐皮 80 克，胡萝卜 100 克，蒜末、辣椒、鸡粉、香菜各少许，盐 3 克，芝麻油 5 毫升，食用油适量

做法

1. 去皮洗净的胡萝卜切成细丝；豆腐皮切丝。

2. 锅中注入适量清水，用大火烧开，放入食用油、盐，再下入胡萝卜、豆腐皮，搅拌匀，煮约 1 分钟至全部食材断生。

3. 捞出胡萝卜、豆腐皮，沥干水分，放入碗中。

4. 加入盐、鸡粉、蒜末、辣椒、香菜，再淋入芝麻油，搅拌约 1 分钟至食材入味。

5. 将拌好的食材装在盘中即可。

热量
372 千卡

黑豆玉米沙拉

材料

黑豆 60 克，甜椒 100 克，洋葱 80 克，玉米粒 100 克，香菜、盐、食用油各适量

做法

1. 水发黑豆放入高压锅中煮熟。

2. 甜椒、洋葱洗净，切丁。

3. 锅中放入清水烧开，放少许盐、食用油，放入甜椒、玉米粒，煮熟，捞出。

4. 取一小碗，放入煮熟的黑豆、甜椒、洋葱、玉米粒，放盐拌匀，撒上香菜即可食用。

新鲜水果沙拉

材料

哈密瓜半个，酸奶 100 克，猕猴桃 1 个，蓝莓 30 克，香蕉 1 个，蔓越莓、草莓各 50 克

做法

1. 哈密瓜去子，挖出果肉，留哈密瓜盅备用；猕猴桃、香蕉去皮，切片。

2. 将酸奶倒入哈密瓜盅，摆上猕猴桃、蓝莓、哈密瓜果肉、香蕉、蔓越莓、草莓，即可食用。

热量
310 千卡

烤蔬菜

材料

荷兰豆 100 克，圣女果 80 克，香菇、西葫芦各 60 克，甜椒 30 克，酱油 5 毫升，蒜末、盐、食用油各少许

做法

1. 香菇、西葫芦洗净，切块；圣女果切开；甜椒切块。

2. 烤盘中铺上锡纸，放入香菇、西葫芦、荷兰豆、圣女果、甜椒，放入酱油、蒜末、盐、食用油，拌匀。

3. 将锡纸包起来，放入烤箱中层，200℃烤 15 分钟。

4. 取出装盘即可。

烤奶酪番茄沙拉

材料

牛奶 250 毫升，蛋黄 3 个，玉米淀粉 50 克，芝士片 2 片，白糖 10 克，柠檬 1 个，圣女果 100 克，罗勒叶少许

做法

1. 圣女果切开；1 个蛋黄中滴入几滴柠檬汁，备用。

2. 在锅里依次放入牛奶、蛋黄 2 个、玉米淀粉、白糖，搅拌均匀至无颗粒，开小火，边搅拌边加入芝士片，搅拌至看不到小颗粒。

3. 关火，再搅拌一会儿，倒入容器中，放冰箱冷藏 4 小时。取出奶酪块，切成小块，摆入托盘，涂上柠檬蛋黄液。

4. 烤箱预热 5 分钟，把奶酪块放入烤箱中层，调至 200℃，上下火烤 15~20 分钟，取出装盘，放上圣女果、罗勒叶即可。

热量
634 千卡

蔬菜煎蛋

材料

西红柿 1 个，小甘蓝 60 克，香菇 60 克，西葫芦 80 克，鸡蛋 1 个，洋葱、盐、鸡粉、胡椒粉、食用油各适量

做法

1. 西红柿洗净、切块；小甘蓝洗净；香菇洗净切块；西葫芦洗净切片。

2. 油锅烧热，打入鸡蛋煎成荷包蛋，摆入盘中。

3. 锅底留油，放入洋葱炒香，放入西红柿、小甘蓝、香菇、西葫芦炒熟，放盐、鸡粉调味。

4. 将炒好的蔬菜盛出放在荷包蛋周围，撒上胡椒粉即可。

PART3 美味减腹餐，吃出好身材

西蓝花面包水果沙拉

材料

面包 80 克,石榴半个,西蓝花、西葫芦各 80 克,香草 10 克,熟白芝麻 5 克,盐少许

做法

1. 面包撕小块,烤至金黄色。

2. 西蓝花切小块;西葫芦洗净,切块;石榴去皮,留石榴籽。

3. 锅中放清水烧开,放盐,放入西蓝花、西葫芦煮熟,捞出装盘。

4. 将面包、石榴籽、香草装入碗中,倒入熟白芝麻拌匀即可。

热量
302 千卡

田园沙拉

材料

圣女果 100 克，油炸豆皮 60 克，西蓝花 100 克，紫叶生菜 80 克，黄瓜 60 克，盐、胡椒粉各 3 克，食用油适量

做法

1. 圣女果切块；油炸豆皮切条；西蓝花切小朵；生菜洗净切段；黄瓜洗净，切块。

2. 锅中放入清水烧开，倒入食用油和盐，放入西蓝花煮熟，捞出装盘。

3. 放入圣女果、生菜、黄瓜，加盐、胡椒粉拌匀，摆上油炸豆皮即可。

包菜拌核桃

材料
包菜 100 克，冬瓜 100 克，核桃仁 30 克，盐、食用油各少许

做法
1. 包菜洗净切丝；冬瓜切片。
2. 锅中注水烧开，放盐、食用油，再放入包菜、冬瓜煮熟，捞出装盘。
3. 油锅烧热，放入核桃仁炸香，放在蔬菜盘中拌匀即可。

热量
173 千卡

苹果炒蔬菜

材料

苹果 200 克，胡萝卜 100 克，土豆 80 克，盐少许，生抽、食用油各适量

做法

1. 洗净的苹果切小块；土豆去皮，切块；胡萝卜切块。

2. 锅中注入适量清水烧开，放少许盐，倒入切好的胡萝卜、土豆，搅拌匀，煮 1 分钟，捞出，沥干水分。

3. 锅中倒入食用油，放入胡萝卜、土豆炒匀，加入苹果，翻炒匀，放入盐、生抽，翻炒均匀。

4. 关火后把炒好的食材盛出，装入盘中即可。

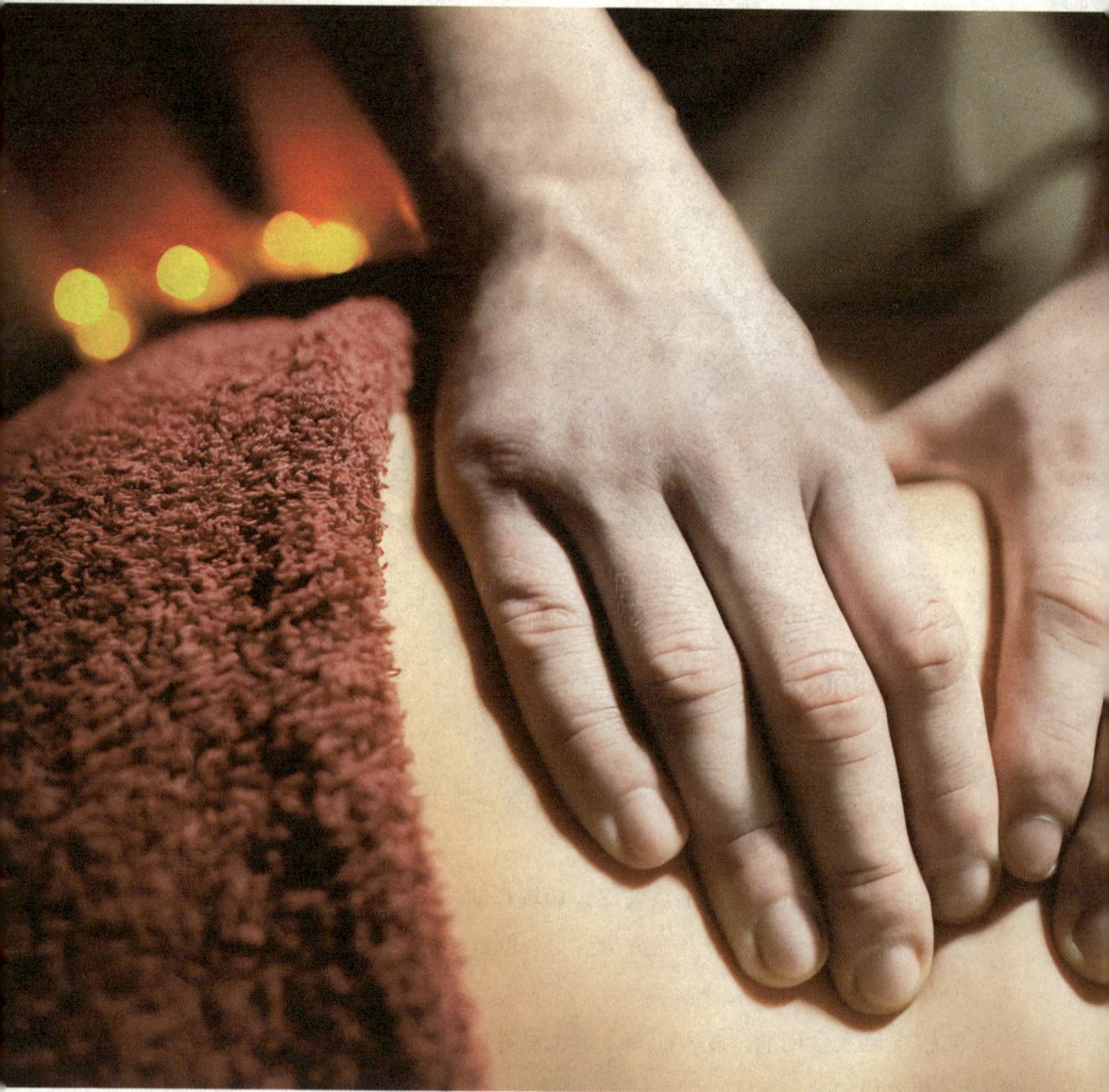

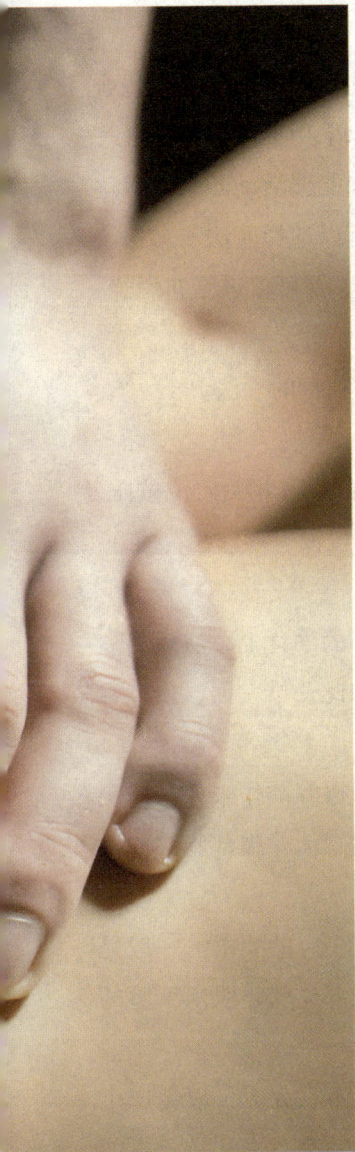

PART 4

腹部按摩减肥

　　按摩是一种非常有效的减肥瘦腹方法，它可以对腹部的重点穴位、经络进行有益的刺激，再通过推拿、按压、抓捏等不同的手法让顽固的腹部脂肪被迫"活跃"起来，并变得柔软而易于燃烧，从而能够加速脂肪的消耗。经常按摩，你就会惊喜地发现，讨厌的小肚腩已经消失得无影无踪了。

腹部减肥按摩手法要求

按摩手法可以分为很多种类，如按法、捏法、推法、擦法、拿法、揉法、搓法、点法、叩法等等。每种手法作用的范围和力度都有不同，产生的效果也有所差异，所以不能随意采用。

就瘦腹按摩来说，在按摩时可以根据腹部肥胖类型的不同，来选择最适合的按摩手法。比如腹部脂肪紧实、肌肉较硬的人群，可以采用推法、按法、捏法等等，力度可以稍大一些，目的是让紧实的脂肪和肌肉能够活动开来，以逐渐改变腹部突出的问题；肌肉松弛、脂肪较多的人群，可以选择摩法、拿法、揉法等手法，力度可以稍小一些，以改善肌肉松弛的状况，并可促进脂肪燃烧，使腹部变得紧实、平坦。

除了上述的按摩手法外，腹部减肥按摩还有两种比较独特的手法。

手法一：

二指叠按法。将左右手的两个拇指上下重叠，放在腹部以及相关穴位按压。按压的时候，力度以手指感觉有脉搏跳动，且被按摩的部位没有疼痛感为宜。

手法二：

波浪推压法。十指并拢，自然伸直。将左手放在右手的手背上，然后将右手平贴在腹部用力向前推，继而左手掌发力向后推压。如此一推一回，慢慢移动数次，推压的力度以腹部微有痛感为宜。

在腹部按摩完毕后，可以辅助抚摸、扭转、收缩、摩擦等动作来完善减肥的效果；也可以双手握拳，用小鱼际的外侧捶打腹部，对于消除腹部脂肪同样有明显的效果。

需要提醒的是，除了讲究手法外，对按摩的方向也有一定的要求。一般是从下腹部开始按摩，然后顺着肌肉向上推摩，这可改善腹部皮肤、肌肉下坠的问题。

另外，按摩最好在饭后半小时或者空腹时进行，力度不宜太大，以免产生恶心、疼痛等不良反应。此外，按摩时的速度一定要缓慢、有节奏，掌心不能离开皮肤，应当带动皮下脂肪、肌肉一起运动，使体表以及腹腔产生热感，更易于脂肪的燃烧。

腹部减肥穴位按摩

腹部减肥按摩并不是简单、随意地用手揉肚子，而是应当找准穴位，对"穴"下手，减腹效果才会更明显，让你更加自信地秀出小蛮腰，不用再担心难看的"游泳圈"跑出来扫兴了。

以下这几个穴位都是减肥瘦腹的要穴，你应当找到它们的正确位置，并掌握它们的按摩方法。

中脘穴

位置：

中脘穴位于人体的上腹部，胸骨下端与肚脐连接线的中点，你可以从肚脐向正上方量取4寸（约为一横掌宽度）的距离，就可以找到中脘穴了。

功效：

中脘穴被称为胃的"灵魂腧穴"，具有健脾和胃、补中益气的功效，对于肠胃功能差而造成的腹胀、消化不良有一定的助益，还能提高脂肪的分解能力。如果在感到饥饿的时候按摩此穴位，能够降低食欲，避免因饥饿造成的暴饮暴食，因而有助于消除腹部赘肉，改变腹部突出问题。

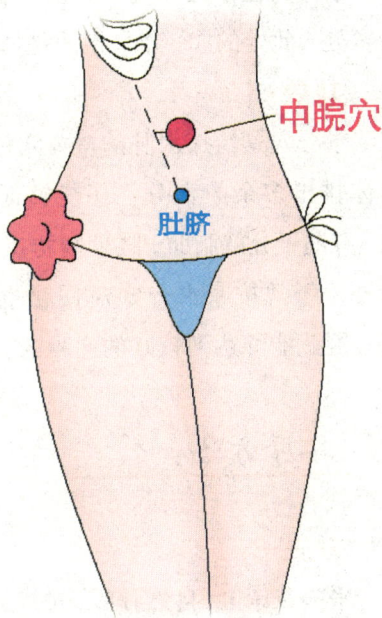

中脘穴

肚脐

按摩方法：

方法一：

平躺在床上，自然呼吸，左手的掌心紧贴于中脘穴上，然后将右手掌心重叠放在左手背上。双手同时稍用力，按照顺时针或者逆时针的方向画圆推动，揉按30~50次。

方法二：

也可以将右手拇指按在中脘穴处，适当用力揉按 1 分钟。

【温馨提示】

在按摩中脘穴的时候，如果出现穴位处酸痛，或想要打嗝，都属于正常的反应，不必惊慌。由于一只手按摩会有力量不足的情况，所以可以用双手叠放按摩，以加强按摩的力度，增强消除腹部脂肪的效果。

水分穴

位置：

水分穴位于人体的中腹部，肚脐正上方一指宽处（此处的"一指"指的是拇指的宽度）。

功效：

水分穴是治疗水肿的重要穴位，能够帮助身体排出多余的水分，还能够促进肠胃的蠕动，有助于分解脂肪，减少脂肪在腹部的堆积。另外，经常按摩水分穴对便秘也有很好的疗效，因此能够达到较好的瘦腹的效果。

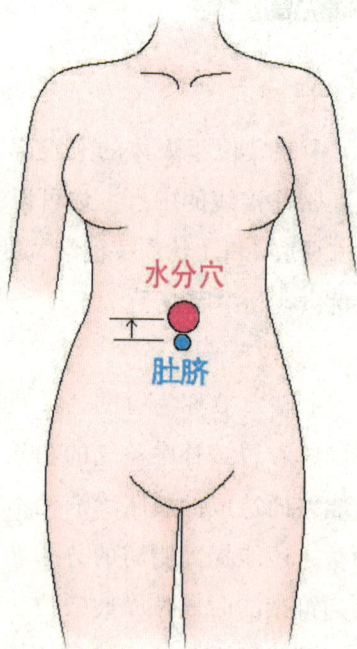

水分穴

肚脐

按摩方法：

方法一：

平躺在床上，自然呼吸，先找到水分穴，再用右手食指指腹向下按压水分穴，一压一放为一次，共按压 15 次，每天按压 2~3 次。

方法二：

也可以并拢右手四指，用指腹以穴位为中心进行按揉，揉时顺时针方向按摩 10~20 圈，再按逆时针方向按摩 10~20 圈。

【温馨提示】

按摩水分穴的时候，力度不能过小，但也不宜过大，要以穴位处有酸胀感为宜。

气海穴

位置：

气海穴位于人体的下腹部，肚脐正下方 1.5 寸处（约两横指处，此处的"两横指"指的是食指、中指并拢的宽度）。

功效：

气海穴又称丹田，能够强壮全身，经常按摩此穴位对先天禀赋虚弱、后天劳损太过造成的身体虚弱、肌肉松软、消化不良有极好的调理作用，特别适用于腹肌松弛导致的小腹突出、小腹赘肉。

此外，经常按摩气海穴还能够有效抑制食欲，避免过量进食，对于瘦腹很有帮助。

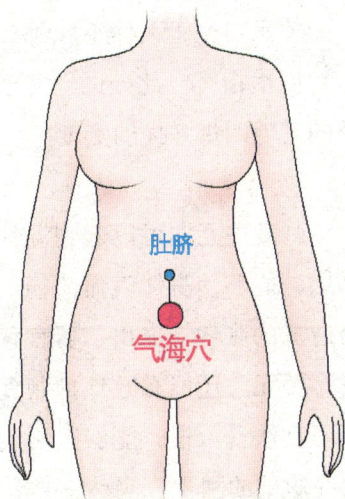

肚脐

气海穴

按摩方法：

方法一：

平躺在床上，自然呼吸，先找到气海穴，再用右手掌心贴在穴位处，按照顺时针方向按摩 50 次，然后用左手掌心按逆时针方向按摩 50 次。

方法二：

也可以将左手掌压在右手背上，用左手带动右手，按照顺时针方向按摩气海穴，共按摩 50 次。

方法三：

也可以采取坐姿，找到气海穴后，将双手交叠，对气海穴进行按压，一压一放为 1 次，共按压 50 次。

【温馨提示】

在按摩气海穴的过程中，如果感到穴位处微微透热，就说明力度适宜且达到了效果。如果感到腹胀比较严重的话，还可以在按摩完气海穴后，再按摩一下足三里穴、天枢穴，效果会更好。

关元穴

位置：

关元穴位于人体下腹部，肚脐正下方 3 寸处（约四横指宽，此处的"四横指"是除大拇指以外的其他四指并拢的宽度）。

功效：

刺激关元穴可以起到温补肾脏、平衡阴阳的作用，能够使身体气血流畅，改善小腹因气滞血瘀造成的胀气、突出、器官移位等问题。此外，按摩关元穴还能有效地抑制食欲，改善暴饮暴食等不良饮食习惯，能够限制脂肪的摄取，减少脂肪在腹部的囤积，使小腹变得更加平坦。

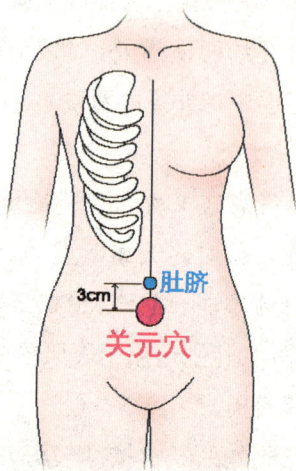

肚脐

3cm

关元穴

按摩方法：

方法一：

平躺在床上，自然呼吸，先找到关元穴，再将右手拇指伸直，其余四指半握拳，然后将拇指的指腹压在关元穴上，适当用力按揉 1 分钟。之后换左手半握拳，拇指按压在穴位上，同样按揉 1 分钟即可。

方法二：

也可以将双手交叉重叠，放在关元穴上，然后快速地上下摩擦推动 1 分钟，推动的范围不可过大，并且受力点不能离关元穴太远。

方法三：

也可以用右手的中指指腹点按关元穴 30 次，注意用力的方向要垂直向下。

【温馨提示】

在按摩关元穴时，不可用力过猛，要以穴位处有酸胀感为宜。另外，有子宫肌瘤、卵巢囊肿等症的女性不宜按摩关元穴。

天枢穴

位置：

天枢穴位于人体中腹部，与肚脐平齐，在肚脐向左右 2 寸处（约三横指宽，此处的"三横指"指的是食指、中指、无名指三指并拢的宽度）。

功效：

经常按摩天枢穴，能够增强消化系统的功能，促进肠胃蠕动，减少食物残渣在肠道内的停留时间，更有利于消除小腹赘肉。

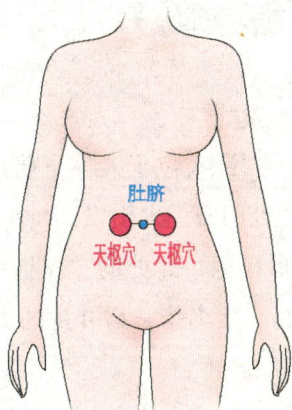

肚脐
天枢穴　天枢穴

按摩方法：

方法一：

平躺在床上，双手叉腰，将中指分别压在两侧的天枢穴上，拇指放在腹外侧，中指适当用力按揉 30~50 次。

方法二：

也可以采取站姿，双脚与肩同宽，然后用双手食指的指腹一起按揉左右两个天枢穴，按揉的时候配合悠长的呼吸，先慢慢地吸气，再缓缓地吐气，如此连续按揉5个完整的呼吸。

方法三：

也可以采取坐姿，按摩时上身保持正直，双腿并拢而坐，用左手食指指腹按压左边的天枢穴，然后提起右腿，并尽量上提；接着放下右腿，用右手食指指腹按摩右边的天枢穴，然后提起左腿。如此左右交替，连做5次。

【温馨提示】

在按摩天枢穴的时候力度不要一下子加到最大，你可以从较小的力度开始，逐渐加大力度，直到找到让自己感觉最舒服的力度。另外，天枢穴可以和中脘穴一起按摩，这样瘦腹的效果会更加明显。

大巨穴

位置：

大巨穴位于人体下腹部，从肚脐正下方2寸处的石门穴出发，向左右旁开2寸处（约三指横宽，此处的"三横指"指的是食指、中指、无名指三指并拢的宽度）。

功效：

大巨穴与天枢穴一样，能够起到促进肠胃功能、预防便秘、促进脂肪代谢的作用。在按摩的时候，通常先按摩天枢穴后再按摩大巨穴，这样能够加快腹部脂肪的分解速度，瘦腹效果更佳。

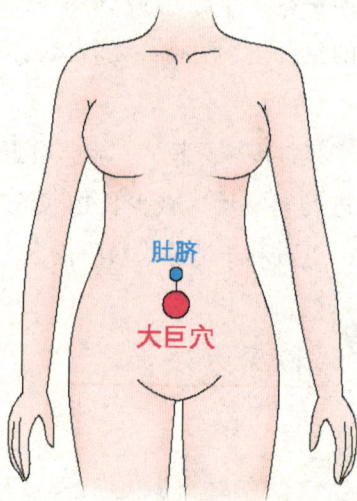

肚脐

大巨穴

按摩方法：

方法一：

站立，双脚与肩同宽，深吸一口气，再慢慢吐气，吐气的同时用右手拇指指腹按压右侧的大巨穴5秒钟，然后在吸气时松开。如此一按一松为1次，连按 5 次后换左手按压左侧的大巨穴。

方法二：

也可以用双手食指指腹同时按揉大巨穴，先按顺时针按揉 1 分钟，再按逆时针按揉 1 分钟。

【温馨提示】

在按摩大巨穴之前可以用热毛巾热敷一下穴位，等到穴位处透热后，再进行按摩，效果会更加理想。

手把手教你做瘦腹按摩操

在进行穴位按摩之余，你还可以做做下面这套瘦腹按摩操，方法非常简单，也不需要去辨认穴位，坚持进行，可以消除便秘，促进脂肪消耗，能够让你的小肚腩加快消失。

第一节 团摩脐周

平躺在床上，右手放在肚脐周围，左手叠放在右手背上，稍用力，按照顺时针的方向作圆周按摩，连续做 30~50 次。

第二节 分推肋下

坐在椅子上，将手掌分别放在肋下两侧剑突处，手指张开，指间的距离应与肋骨的间隙等宽。先用右掌向左推至身体左侧，再用左掌向右推至身体右侧，各推动 10 次。然后双手同时稍用力揉按 1 分钟。

第三节 直推腹中线

坐在椅子上，将双手叠放，掌心贴在剑突下。双手适当用力，从剑突下沿腹中线向下推至脐部，然后再由脐部推回到剑突下，如此反复推摩 1 分钟。

第四节 团摩上下腹部

先将双手叠放，然后掌心向下贴紧上腹部，适当用力，顺时针作圆周摩动1分钟，然后再将掌心贴紧下腹部，按照同样方法作圆周摩动1分钟。两次按摩均以腹部发热为宜。

第五节 拿捏腹肌

坐在椅子上或者平躺在床上，放松身体，双手拇指与其余四指分别捏住腹部正中线两侧的肌肉，从上腹部开始一点一点地拿捏，一直拿捏到下腹部。拿捏的力度应当均衡，尽量使整个腹肌都被按摩到。时间由自己掌握，一般以3~5分钟为宜。

第六节 分推脐旁

将双手中指分别放在肚脐两旁，然后同时适当用力，向两侧分推至腰部，然后再从腰部推回至肚脐处。如此反复1~3分钟，以腹部发热为宜。

第七节 推腹

将双手分别放在腰部，用掌根经由腹部，同时斜向下推至耻骨，然后再由耻骨推回至腰部。如此重复1~3分钟。再将手掌放在腹部中线的两侧，用掌根从上至下推到大腿根处，然后再由大腿根处推回至腹部两侧，如此重复1~3分钟。

【温馨提示】

在按摩腹部时不可在过饱或过饥时进行，且要排空小便。患有局部皮肤感染、腹腔急性炎症（如肠炎、痢疾、阑尾炎）的病人，或有腹部肿瘤者不宜揉腹，以免炎症扩散。另外，孕期女性不宜进行揉腹锻炼，月经期女性一般可以揉腹，但力度要轻一些，如果感觉不适就要停止按摩。

PART 5

腹部减肥锻炼

　　不要以为只有有氧操、瑜伽才是最有效的有氧瘦腹运动，爬楼梯、跳绳、骑单车等全身性运动虽然简单，但是只要坚持下来，同样也是非常理想的减腹锻炼方法。这些全身性运动主要依靠腹部力量进行，具有非常好的瘦腹作用。此外，你可以选择在室外进行这些运动，这样能够使身体呼吸到更多的氧气，从而可以加速脂肪燃烧，瘦腹的效果自然更加理想。

掌握锻炼的要领和尺度

从事腹部减肥锻炼能够显著消除腹部脂肪，紧实腹部肌肉，修正腹部曲线，让你的腹部能够变得更加平坦美观，因此一定要坚持锻炼，不能三天打鱼，两天晒网。不过你也应当注意到，锻炼是不能盲目进行的，要掌握锻炼的要领和尺度，才能在发挥锻炼的瘦腹作用的同时，不会对你的身体健康造成损害。

以下这几条原则是你在锻炼时必须遵守的：

1. 运动前的身体预热必不可少

运动中的肌肉拉伤、关节扭伤等等，主要是由于运动前准备活动不充分造成的，尤其是冬季肌肉和韧带非常脆弱，如果身体没有预热就进行猛烈的运动，很容易受伤。因此，在运动前宜活动关节韧带，抻拉四肢、腰背，放松身体，然后再从低强度运动逐渐进入高强度运动，这对于瘦腹能起到事半功倍的作用。

2. 只在适当的时间进行锻炼

锻炼的时间可以安排在饭后 2~4 小时或睡觉前 1~2 小时，在这段时间里食物已经完全消化，人体产热量非常高，此时锻炼不仅可以消耗掉多余的热量，还能满足人体对能量代谢的需要。因此，瘦腹运动最好安排在下午 4~6 点，也就是机体运动状态最佳的时刻，可以达到更好的瘦腹效果。

3. 将腹部锻炼与呼吸结合在一起

在进行一定强度的锻炼时，人体对氧气的需求也逐渐增多，摄入充足的氧气能够将体内的废气——二氧化碳排出体外，尤其是在锻炼时有意识地加深呼吸，还能提高换气功能，稀释体内残气量，使脂肪燃烧的速度更快。不过，想要达到理想的瘦腹效果，掌握正确的呼吸方法也是非常重要的。

初次参加锻炼的人有时会气喘吁吁，这是由于呼吸频率过快，造成氧气供应不足造成的。呼吸频率过快，使人体不能长时间维持高的换气水平，影响锻炼的效果。因此在锻炼时应注意呼吸节奏与动作的配合，根据不同运动项目的要求，有意识地加深呼吸。

4. 随时测量脉搏，保持适当的运动强度

锻炼时的心跳速度通常会比正常心率要快，健康人锻炼后的心率（靶心率）一般保持在最大心率（220）的 65%~85%，就能够收到最佳的瘦腹锻炼效果。尤其是心脑血管患者在锻炼时，更应当随时测量脉搏，以保证运动锻炼的安全性。

目前国际上流行的办法是采用公式来推算靶心率，具体方法如下：

靶心率=（220－年龄）×65%（或 85%），可以根据这个方法来合理地计算并控制自己的运动强度。

5. 自我感觉是判断运动量的最简单的标准

除了随时测量脉搏外，自我感觉也是判断运动强度的一个方法，如果在运动时"面不改色心不跳"，说明运动量远远达不到瘦腹减肥的目的；如果出现明显的心慌、气促、心口发热、头晕汗多，说明运动量太大，心脏无法跟上运动的节奏，应当适量减少运动。而最合适的运动量应当是：面色微红、周身微热、津津小汗、心跳稍快，可以以此为标准来调整自己的运动强度。

6. 练到不能练的时候就停止

减肥锻炼虽好，但并不是练习的时间越长就越有效，因为在锻炼中，你的体力不断消耗，身体会感觉越来越疲累，时间过长的话，就很难达到最佳的锻炼状态，锻炼效果也会大打折扣。所以要合理控制锻炼时长，比如做高强度锻炼如快跑、跳绳等，整个锻炼时间（含中间休息时间）持续半小时就足够了；

做中等强度的锻炼如快走、慢跑、爬楼梯、游泳、骑自行车等，锻炼时间持续45分钟就足够了；做一般强度的锻炼如散步、瑜伽等，可以根据体力状况延长至 1~2 小时，但如果感觉身体不舒服，休息后也无法继续下去，就应当立刻结束锻炼，千万不要勉强进行。要知道，要想减腹出成效，重要的是锻炼的质量，而不是练习了多长时间。

需要注意的是，在进行针对腹部的锻炼后，腹部可能会出现轻度不适、疲倦、肌肉酸痛等感觉，一般休息后很快就会消失。如果症状较明显，而且过了几天也不能消失，这说明运动量过大，而氧气摄入却不够充分，乳酸等代谢物在体内堆积过多，因此身体才向你提出"抗议"，在下次锻炼时要适当减少运动量了。

快走

对于想要瘦腹的人群来说，快走可以成为锻炼的首选，它不需要昂贵的设施，也不需要你费力去寻找运动场地，只要给自己准备一双运动鞋、一身运动服，即使在家门口也能够"拔腿就走"，可以算是最"亲民"的运动锻炼了。

快走比一般行走和跑步更容易瘦下来

快走被世界卫生组织认为是最安全、最佳的运动和减肥方式，它不会给身体造成太大负担，而且还能使腹部得到更加充分的锻炼。与一般的行走和跑步相比，快走也有很多优越之处：

1. 快走 vs 一般行走

与一般行走相比，快走具有减腹和健身的双重功效。虽然一般行走时也会消耗体内脂肪，但是运动强度很低，没有充分调动腹部肌肉的积极性，也就达不到瘦腹的效果。快走就大不相同了，在快速行走的时候，上身会随着步伐的加快而来回扭转，同时会带动腹部和腰部肌肉，使腹肌在不断的运动中得到加强，可以避免腹部因为脂肪的减少而出现的腹部松弛等问题，不仅会让腹部更加紧实平坦，还能让你的体态显得更加优美。

2. 快走 vs 快跑

虽然快跑在热量的消耗上比快走高出 2 倍之多，但是在减肥方面的成绩却远远落后于快走。这是因为快跑消耗热量较多，但是主要以糖类为主，而快走却以脂肪作为能量消耗，尤其对容易堆积脂肪的腹部最为有效。当脂肪在不断燃烧时，糖类却能够为身体源源不断地提供前进的动力，并降低腹部脂肪合成功能，塑造出不容易形成脂肪的体质，从而达到更好的瘦腹减肥效果。

由此可见，快走的瘦腹锻炼效果的确是优于一般行走和快跑的，而且更容易坚持下去。想要与小肚腩"分道扬镳"的你，何不就从今天开始制订一个快走计划，体验一下快走带来的全新感受！

快走减肥的 3 大必胜技巧

现在我们知道，快走对瘦腹有如此神奇的作用，但是并不是什么样的快走都能够发挥功效，在开始运动前了解以下技巧，能够让你的行走更加出效果。

1. 用"滚动鸡蛋"的方式行走

平日人们走路时，总习惯将全脚掌直接落地，这种行走方式虽然在步速正常时对人体不会造成太大的损害，但如果快走时也使用同样的行走方式，就会损害关节或肌肉，还会降低行走速度和减肥的效果，尤其对肥胖者的冲击力更大。因此我们推荐这种"像鸡蛋一样滚着走"的行走方式。

这种行走方式是指双脚的各部位落地有一定的顺序，行走时的重心应当按由脚跟到脚大拇指的方向逐渐转移，就好像用脚掌轻柔地滚动鸡蛋一样，"滚动鸡蛋"正确的顺序是：脚后跟—脚的外侧—脚小趾—脚大拇指，当全部脚趾落地后，再将脚大拇指用力蹬地面，同时伸直膝盖，然后再踢出另一只腿。

这种行走方式对脂肪的消耗较大，并且能够使腹部肌肉得到充分的扭转抻拉，一周下来大概可以消耗 2000~3000 千卡的热量，体重也会明显减轻。

2. 采用正确的姿势快走

进行快走减肥时，除了对行走方式有一定要求外，对行走的姿势也有严格的要求。正确的姿势能够充分调动身体的配合性，使快走减肥能够起到事半功倍的作用。

（1）在快走时巧妙地借用腰部扭转力，能够带动腹部肌肉运动，使小腹在消耗脂肪的同时，也能够得到一定强度的锻炼，从而提高了减肥的效果。腰部用力还有一个好处就是能够使行走更加舒畅。腰部扭转得越大，身体在行走时就会更加前倾，不仅步伐变大，而且走路的速度也会加快。

（2）为了大跨步快速行走，一定要尽量摆动手臂，手臂大幅度地摆动能够调整走路时身体的平衡，从而使腰腹部扭转更加大力。在快走时，手臂应当屈肘 90°，紧贴身体，然后有节奏地向前后摆动。手臂向前摆动时双手应与肩膀保持齐平，向后摆应摆到不能再摆为止，然后再配合舒缓而深长的呼吸，容易使人感觉大汗淋漓，身体温度升高，迅速进入到减脂的状态。

除了摆动手臂、扭转腰部外，快走时还应当挺胸抬头，放松肩部，收紧腹部，臀部上翘，这样还能预防姿势错误造成的下背疼痛。

3. 将速度与时间完美地结合在一起

快走之所以能够发挥与一般行走不同的功效，原因就在于它需要一点速度，行走的速度越快，人体循环就越畅通，脂肪的消耗量也就自然增多。以体重为50千克，年龄在25岁左右的女性为例，每小时行走的平均速度在4.8千米，消耗的热量在300千卡左右；如果平均速度达到6.4千米/时，消耗的热量在700千卡左右；而如果平均速度能够达到每小时7.4千米，消耗的热量更可高达900千卡。

除了行走的速度外，行走的时间也应当有一定的连续性，一般来说，每周至少保证3天的快走锻炼，每次必须在45分钟以上，才可以帮助脂肪正式燃烧，有助于减少腹部皮下脂肪的堆积。

12 周的快走计划

当你下定决心要进行快走锻炼时，最好先制订一个计划。有计划的锻炼才会让瘦腹的效果更加明显，哪怕每天只走一点，坚持下来就会产生明显的效果。

下面就介绍一下英国心脏基金会开发的减肥12周快走计划，你可以在制订自己的瘦腹计划时适当参考。

第 1 周

第1天　先用比平常稍快一些的速度行走，不必在意姿势是否正确。

第2天　挺胸抬头、收腹直腰，以稍快的速度行走10分钟以上。在10分钟的路程中，可以先慢走3分钟，然后再快速行走6分钟，最后放慢步伐行走1分钟。

第3天　比前两天的速度再快一些，至少走20分钟以上，休息一会儿后再走10分钟。

第4天　找一个路面平整，且路线简单的场所，整个路程长度最好在3~4千米，用40分钟的时间走完。

第5天　继续前一天的路线，尽量快步行走，速度以感觉不太累为限。走完后要记住花费的时间。

第 6 天 以普通的速度行走 15 分钟，行走的同时活动双臂，休息一会儿后再返回，时间同样保持在 15 分钟。

第 7 天 找一个比较好走的路线，行走时间定为 1 小时，可以采用变速快走的方式，即在 1 小时内先以普通速度行走 40 分钟，再快速行走的时间是 20 分钟，通常以慢走开始，然后逐渐过渡到快走。

第 2 周

经过第 1 周的练习，身体已经逐步开始适应，从第 2 周开始可以进行有规律的快走锻炼。根据具体情况，以下有两个快走计划，各人可以根据自己的时间来选择适合自己的。

计划 1：以普通速度每天行走 30 分钟，如果时间允许，再以稍快的速度行走 15~20 分钟。

计划 2：每天行走 1 小时，其中 20 分钟的行走速度应当稍快些，以感到微喘、小汗津津、面色微红为宜。

第 3~5 周

当快走进入了第 3 周以后，此时体形会出现一定的变化，你会感觉到步伐明显变得轻盈，呼吸也更加顺畅。在接下来的快走锻炼中，要时刻检查自己是否按照计划的内容完成相应的运动量，并且还可以在身体状况允许的情况下适当增加快走的时间和速度。在快走锻炼时应当注意以下几点：

每天都应行走 30 分钟以上，一周最少要有 4 天的时间行走 45 分钟，行走的速度应当略提高，如果在 1~2 周内的步行速度为每小时 4.5 千米，可以将速度提高到每小时 4.7~5.0 千米。对于已经很熟悉的路线，应当想办法缩短行走的时间，哪怕是提前几秒走完全程也可以。

第 6~11 周

从第 6 周开始，快走应当已经融入了你的生活中，即使只有短短的 10 分钟外出时间，你也会下意识进行快走锻炼。从这周开始，步行的速度应当有一个新的提高，可以将步速逐渐提高到每小时 6.4~7.2 千米，而且每天的快走时间应延长至 40~60 分钟。

在路线方面，每周最少要走一次比较熟悉的路线，并且尽量提高步速；寻找更容易激发行走兴趣的路线，路线的长度宜在 3~5 千米之间。除了较平坦的路线外，爬个小山坡也是增加运动量的不错选择，你可以先快速行走 30 分钟，然后再以较轻快的步伐上山，中途应当注意休息。

第 12 周以上

减肥最怕的就是反弹，尤其是短期减肥，效果越明显，就越容易反弹，因此想要将减肥成果保持下去，就应当建立有规律的快走锻炼。经过 11 周的快速行走后，你的体形和体重都应当有了一个明显的改变，但是身体的记忆对这种改变还不是十分深刻，如果此时放松懈怠下来，就会使减肥成果难以继续维持。一般来说，只有快走锻炼超过 1 年以上，身体才会默认减肥后的新体重和体形。

也就是说，从第 12 周开始，身体处于一个关键的转折期，你不但要继续之前的锻炼计划，还应适当地增加难度，如加入爆发性的变速走（快走 2 分钟，再慢走 1 分钟；快走 3 分钟，再慢走 1 分钟）或者负重快走（背一些较重的物品快走）等。同时，还应当注意将快走与饮食结合在一起，进一步增强减肥的

实效。

随时随地练习快走

不少人将快走视为一个艰巨的任务，认为几乎每天都要进行锻炼是不可能的，其实能够抽出时间专门锻炼固然是好，如果条件不允许的话，你也可以充分发挥想象力，将快走融入每天的工作和生活中。

1. 利用上下班时间快走

对于上班族来说，可以利用上下班的时间进行快走。例如，你可以早一站下车，然后步行去单位或者回家；如果到几站路程之外的银行或其他场所办事，也可以尽量选择快走；中午吃饭时，挑一家味道不错但离单位稍远的餐馆快走过去就餐。这种短途快走日积月累，可以产生令人惊喜的瘦腹效果。

2. 带宠物遛弯儿时快走

家有宠物能够让你拥有更多的锻炼机会，每天下班后或者休息时间，多带上自己的宠物外出遛弯儿，尽量让宠物在前面快速小跑，自己牵着绳子在后面快步紧跟，这种看似被动的快走方式能够调动锻炼的热情，而且有了宠物的相伴，快走也会变得更加有乐趣。

3. 快走"轧马路"

无论是与朋友见面还是和恋人约会，总有说不完的话，对谈话的地点反而不太在意，那么不妨将谈话地点从屋内挪到屋外，如果天气不错，还可以一起去"轧马路"。一边交谈一边快走，能够忘掉身体的疲劳，对路程的长短也不会斤斤计较，刻意计算。当准备回家时，你一定会惊喜地发现，今天完成的运动量可能是平时的好几倍呢。

去买东西时也可以尽量选择到距离远一点的地方，这样也能给自己创造快走的机会。比如想要买菜，就不要贪近到附近的超市，而是可以快走一段距离，去稍远一点的菜市场买菜。这样既能节约开支，又能让腹部得到锻炼，真可谓是一箭双雕。

5. 郊外快走野游

利用长假的时间，事先踩好点，约上三五朋友去郊外"快走"野游，既能欣赏到难得一见的美景，又可以呼吸到新鲜的空气，更重要的是还能达到减肥的目的，真是三重的享受。

怎么样，看到这里你不会再抱怨自己没有时间快走锻炼了吧？只要做个有心人，就一定能够找到最适合自己的锻炼方式，尤其是运动量严重不足的上班族，更要发挥"见缝插针"的精神，将快走进行到底。

慢跑

慢跑又称健身跑，是一种长时间、慢速度、远距离的运动方法。与一般的长跑或竞赛性跑步相比，慢跑具有很强的灵活性，可以根据自己的身体情况随时调整速度，而且慢跑还有一个非常重要的好处，就是可以针对小腹局部减肥。

慢跑减掉的不只是水分

有的人认为，慢跑运动强度太低，出汗不多，减肥效果甚微，只有快跑、打篮球、踢足球那样能让人大汗淋淋的运动才可以让小腹迅速瘦下来，那么这种说法到底对不对呢？

这种说法显而易见是没有科学依据的。快跑、打篮球等大运动量的锻炼方式虽然能减轻体重，但是它减掉的大部分是体内的水分，腹部脂肪却在水分的保护下安然无恙。虽然体形看起来也比较结实，但是该瘦下来的部位还是一点没瘦，腰身反而显得更加粗壮。此外，失去水分的脂肪会变得更加紧密，在腹部会形成坚实的脂肪壁，摸上去硬硬的，即使再剧烈的运动也无法令其瘦下去。

但是慢跑就不一样了，它从表面上看运动强度不大，但是却能起到改善体内的脂肪代谢、控制体重的作用。身体在微汗的状态下持续慢跑，水分不容易流失，使腹部脂肪仍然保持松软的"半液态"。当体内的糖类燃烧完毕后，脂肪就会接过"接力棒"，继续燃烧以供人体运动所需，从而达到了瘦腹减肥的目的。此外，慢跑运动还可使人体产生一种低频振动，能够促进脂肪细胞的分解，并通过振动使已经松软的脂肪从腹壁上脱落，从而起到了减少腹部皮下脂肪堆积的作用。

慢跑与其他剧烈性运动相比，还有一个好处就是瘦腹效果不容易反弹，由于它的运动强度较低，糖类消耗较慢，能够给身体提供充足的能量，使腹部在运动过程中或运动后不会出现疲惫、容易饥饿、食欲大增等不良反应，因而可以更有效地巩固瘦腹减肥的成果。

慢跑瘦腹也要掌握技巧

慢跑虽然运动强度较低，但是同样需要一定的技巧，否则即使每天坚持跑步，瘦腹的效果也微乎其微。

以下这些技巧就是你在慢跑时应当掌握的：

1. 采取正确的姿势慢跑

慢跑对于姿势是有特殊的要求的，如果姿势不正确，不仅跑动起来会感觉很不舒服，还会影响你瘦腹的效果。具体来看，慢跑时的姿势要求如下：

（1）慢跑时的上身姿势应当端正。

双臂的肘关节屈成 90° ，平行放在身体两侧，手握空拳，拳心相对。慢跑时肌肉和关节应当放松，身体不要向后仰，以免造成腹部肌肉过分紧张，所以你应当注意将身体略微向前倾，并要让腹部稍有抻拉之感（这样才能达到瘦腹的效果）；同时，你的手臂要前后摆动，双眼要平视前方。

（2）脚掌落地的姿势格外重要。

慢跑时，双腿应当自然向前迈步，而不是向上抬起或者向外斜抬；小腿不宜跨得太远，以免跟腱因受力过大而劳损。当脚掌落地时应先以脚跟着地，再将身体重心落到前脚掌，使腹部有向下压的动作，最后脚趾用力蹬地面，跨出另一条腿。

2. 配合有节奏的呼吸慢跑

跑步时应保持有节奏的呼吸，初次锻炼者可以先用鼻腔吸气，然后用嘴呼气。呼吸应当深长而舒缓，一呼一吸之间以跑 5 步为宜，呼气的时间要比吸气略长。良好的呼吸方式能够加强对腹肌的锻炼，如果自身状况允许，最好采用腹式呼吸的方法，使小腹得到全方位的锻炼。

3. 合理安排慢跑运动量

刚开始锻炼时可以少跑一些，或者隔一天跑 1 次，经过一段时间的锻炼后再逐渐增加至数千米，时间也可以增加到 20~30 分钟。最理想的是每天慢跑 1 次，如果时间或者体力不允许，每星期至少也要进行 2~3 次。

4. 慢跑速度应当均匀

慢跑的速度应当均匀，一般而言，从刚开始起步到跑步结束，步伐、节奏都应当保持一致，而且速度一定要适中，一般以能边跑边轻松交谈为宜。如果跑步时出现上气不接下气、喘粗气、面红耳赤、需要借助口腔呼吸等现象，则说明跑步的速度过快，应当适当降低跑步的速度，并重新找到最舒服的慢跑速度。

需要指出的是，在开始练习慢跑的时候，常常会因为体力不足而无法坚持很长时间，这个时候可以采取慢跑加步行交替的方式进行，等身体逐步适应了慢跑，可减少步行，直到跑完全程。在慢跑的过程中如果出现胸闷、心悸、气促及头昏等情况，不要突然停下脚步，而是要逐渐放慢脚步，由慢跑改为行走，然后再慢慢停止运动。

甩掉小肚腩的阶段慢跑计划

想要通过慢跑成功甩掉小肚腩，需要进行周密的计划。这会帮你克服刚开始练习时身体的不适应，并会让你逐渐进入"状态"，减肥瘦腹的效果也会越来越明显。

为此，你可以按照下面的阶段性计划进行练习：

第一个阶段（主要针对新手及体力欠佳的人群）

热身运动

在 400 米跑道的标准运动场，先进行 3 圈慢速跑或者走、跑交替运动。

如果附近没有运动场，也可以掐表计算时间，一般热身时间以 3~5 分钟为宜。当身体出现微热的状态且小腹略有酸软感时，就可以结束热身运动。

中等速度

用较大的步子或者大跨步，以中等的速度慢跑 5~6 分钟，慢跑时以呼吸不急促、心跳稍稍加快为宜。慢跑的时候应当调整呼吸，正确的呼吸方式能够使腹脂肪燃烧得更快，一般一呼一吸之间以跑五步最好，可以二步一呼、两步一吸，也可以三步一呼、三步一吸，总之应当使锻炼处于有氧供应的状态，来帮助增加瘦腹运动的效果。

关键时段

当身体微微出汗以后，不要停步，应继续慢跑。不过在跑的过程中稍微减速，以能够忍受现有的心率、呼吸频率为限，用全脚掌落地，再慢跑10分钟。

第二个阶段（主要针对有一定练习基础的人群）

当你按照这个计划进行了 10 ~ 20 周后，可以进入第二个阶段。第二个阶段的时间为 6 ~ 10 周，在这个阶段适当提高运动量，将慢跑圈数增加到 15 圈或者将慢跑时间增加到 30 分钟。

第三个阶段（主要针对已经能够适应练习强度的人群）

当第二个阶段结束后，你还可以向更高水平的慢跑挑战，也可以继续巩固此时的胜利成果。那些时间充足且体力允许的人群，可以将每次连续跑步的时间延长至 45 ~ 60 分钟，最长时间可达 2 小时。

需要提醒的是，不论你正处在慢跑锻炼的哪个阶段，都一定要注意小腹肌肉的抻拉与放松，否则即使跑的时间再长，也无法起到瘦腹的作用。因此，在跑步的时候一定要时刻提醒自己，要把身体的重心与运动的重点都放在小腹上。

游泳

游泳被称为是"最佳的瘦腹运动"，因为人体在水中游动的时候，腹部肌肉通常会随着手臂与大腿的滑动而向各个方向抻拉，从而可以起到最佳的锻炼效果，有助于塑造出完美的小腹线条。

游泳能够锻炼全身肌肉，使人体骨骼在水中得到充分的放松。对于腹部肥胖的人来说，游泳带来的作用就更大了，不管是水肿型、单纯型还是肌肉型腹部肥胖者，都可以利用游泳来达到健身美体的目的。

具体来看，游泳对于瘦腹的好处主要有以下几点：

好处一：游泳消耗的能量更大

水中的阻力较大，人体在游泳时需要用更多的力量进行对抗，因此消耗掉的热量就会比在陆地上消耗的更多，例如在水中游 100 米会消耗 100 千卡的热量，而在陆地上则需要跑步 400 米或者骑自行车 1000 米才能消耗同样的热量，这对于顽固的腹部脂肪来说，无疑是一个致命的"打击"。

好处二：减少对下肢和腰部的损伤

体形较肥胖的人在运动时，通常会使身体承受较大的重力负荷，不仅能降低运动能力，还容易伤害下肢的关节和骨骼；而水的浮力能够化解一部分的体重，并将这部分体重都集中在腹部，在锻炼腹部的同时，大大降低了运动对关节和骨骼的冲击力，因此游泳更适合作为关节病者、肥胖者或孕妇瘦腹的主要运动方式。

好处三：能够塑造优美的腹部曲线

游泳时，人体处于水平状态，腹腔受到水的压力、阻力和浮力，不仅能够使腹部的皮肤更加坚韧，还能使肌肉在游泳中得到良好的锻炼，使小腹外侧的线条轮廓变得更加优美。此外，水的导热性比空气要大 26 倍，不仅会让你在游泳当中消耗掉更多热量，还会让体内多余的脂肪也悄悄地溶解在水中，使"顽固不化"的小肚腩在游泳的攻击下"溃不成军"。

好处四：按摩腹腔器官，帮助预防便秘

游泳不仅能够按摩腹部的皮肤，对腹腔内的器官也起到较好的按摩作用。此外，在游泳的过程中，由于水的阻力会迫使呼吸程度不断加深，膈肌运动幅度较大，也是胃肠按摩的一种方法，对便秘造成的小腹突出、腹部胀气有较好的改善功效。

打造最具效果的瘦腹减肥游泳

游泳有如此神奇的减肥功效，心动了吧，不过不要着急，只有科学的游泳才能使瘦腹效果更明显。在进行游泳锻炼之前不妨先来了解一下以下这几条注意事项，好让你的减肥运动事半功倍。

1. 采用最佳游泳姿势

蝶泳、仰泳、蛙泳和自由泳被众多游泳爱好者一致推荐为"瘦腹效果最佳"的游泳姿势。这些游泳姿势要求用四肢划水的同时，还要求靠腰腹部来牵动身体，长期下来可以很好地"消化"腹部多余的赘肉，使小腹不再松垮臃肿，显得更加平坦。不过在游泳的时候，一定要注意泳姿正确，否则用不规范的动作游泳，即使游得筋疲力尽也只是在做无用之功，最后还会影响到对游泳减肥的兴趣。因此，你有必要参加一些正规的游泳课程，以便在专业人士的指导下熟练掌握正确的泳姿。

2. 在游泳时配合正确的呼吸

氧气能够参与人体脂肪的消耗，因此无论进行何种运动，都应当将呼吸与动作结合在一起，以期取得最佳的瘦腹效果。不过，游泳与其他运动相比有一定的特殊性：在水中为了防止呛气，游泳者往往会不自觉地憋气，这样不仅影响运动的效果，还会使身体在运动后疲倦不堪，因此对于初练者来说学会换气更为重要。

换气的具体要求就是：憋气时间不宜过长，呼吸应当有节奏。一般来说，在游泳时呼吸要主动，手划水一次，就抬头吸气一次，头出水面后吸气要充分，然后在水里缓缓地将体内的气体吐净，让小腹在呼吸与身体起伏之间得到锻炼，瘦腹效果才会更加明显。

3. 游泳减肥不可操之过急

游泳是一项很好的全身性运动，不仅能够使肢体和内脏都能得到全面的锻炼，对于平日最难减掉的腹部赘肉更是具有十分明显的减脂效果。不过许多人往往急于求成，希望能够通过大运动量的练习让小肚腩快点消失，这种练习方法不仅很难起到预期的效果，反而会造成身体损害。

想要身体不受伤害，游泳就应当循序渐进，这是因为水温比人体的温度要低 10℃，而且散热量较快，人体长时间在水中会失去大量的热量，使体温持续性下降，容易出现口唇发紫、神志不清甚至昏厥，严重者还会造成溺水。因此，你得合理安排游泳的时间和锻炼强度，每次持续时间一般不应超过 1.5~2.0 小时。在游一段时间后最好上岸休息，适量进食或补充水分能够使身体恢复一部分的热量，还可防止游泳后因过度饥饿而暴饮暴食造成的减肥反弹。

游泳前的水中热身运动

在游泳前，最好先进行一些热身运动，使身体产生一定的热量，可以避免刚进入水中就大幅度运动而引起各种不适。另外，在水中进行热身运动对瘦腹也有不错的效果。有意识地针对腹部进行锻炼，能够让你以更快的速度告别小肚腩。

以下介绍一些常用的水中热身动作，你可以参考选用：

热身运动一：水中的仰卧起坐

步骤一：

尽量让身体漂浮在水面上，双腿并拢用力勾住池边，双手轻轻抱头，不要用力，身体呈斜躺的姿势。上腹用力，将上身向前抬起，双肘尽力碰触膝盖，保持 2 秒钟，然后回到起始体位。在游泳期间做 4 组，每组 20~25 次。

步骤二：

身体漂浮在水面上，双腿屈膝放在池边，双臂向斜上方充分伸展，平放在水面上。上腹部用力收缩，同时双手轻轻抱头抬起，使双肘碰触到膝盖，保持 2 秒钟，然后回到起始体位。在游泳期间做 4 组，每组 20~25 次。

步骤三：

身体漂浮在水面上，双腿屈膝放在池边，双臂向斜上方充分伸展，平放在水面上。保持这个姿势静止不动，时间在 30 秒 ~1 分钟。这个动作可以在休息的时候做。

步骤四：

身体漂浮在水面上，上腹部用力，双腿屈膝放在池边，身体呈斜躺姿势。双手抱头，两肘尽量张开，保持这个姿势静止不动，时间在 30 秒 ~1 分钟。

步骤五：

左腿站在水中，另一脚脚尖轻轻点在池边，身体重心移至左腿。挺胸抬头，上身尽可能向后仰，双手手指并拢，在身体两侧划水。共做 4 组，每组 30~40 次。

热身运动二：出水芙蓉

步骤一：

进入水中，使身体漂浮在水面，体弱的人群可以用两只手划水来维持漂浮运动。

步骤二：

当身体完全漂浮在水面后，闭上双眼，慢慢地调整呼吸，将脑中的杂念清除，使自己进入半梦半醒的状态。

步骤三：

当感觉自己快要睡着的时候，突然睁开眼睛，腹部用力使身体跃出水面。出水的动作应当舒缓，尽量感觉腹部与水中阻力的对抗。如果感觉静止漂浮效果不明显，也可以游一段距离，然后再出水。

热身运动三：简单的肢体热身

步骤一：转髋。

背靠着池壁，站在水中，双手向身后伸并勾住水槽。腹部用力，将左腿向前伸并尽可能地抬高，保持这个姿势，将左腿向左右两边摆动数次。回到起始体位，换右腿重复相同动作。两条腿各交替进行 5 次。

步骤二：夹腿。

身体漂浮在水面上，双腿并拢，双手伸过头顶，勾住水槽。将双腿尽最大可能地分开、并拢、上下交叉。活动双腿的时候，感觉腹部肌肉也被同时带动，以有牵拉感为宜。

步骤三：跳跃。

站在水中，两腿并拢，水刚刚没过腰即可。身体稍向前，双手叉腰，向前跳跃一小步（大约 60 厘米），然后再向后跳回原位。如此前后跳跃 20~30 次。

步骤四：下蹲。

站在浅水区，双腿并拢。深吸一口气，下蹲的同时左腿屈膝，右腿向身体右侧伸直，停顿 2 秒钟。呼气的同时站起身，右腿收回。换另一侧重复相同动作。

两条腿各交替进行 15 次。

步骤五：双屈膝。

身体漂浮在水面上，双臂分别向上抬起，手勾水槽，然后慢慢将双腿伸直。保持这个姿势 2 秒钟，将两腿同时屈膝，尽量使膝盖靠近下颌，然后再伸直。如此重复 15~20 次。

步骤六：俯仰伸展。

站在水中，双手划水的同时将双膝抬至胸前，然后向前蹬，使身体漂浮在水面。双手继续划水，再慢慢地将腿放下并抬双膝至胸前，然后双腿向身后踢蹬，以使身体向下漂浮。如此反复重复 15 次。

【温馨提示】

在进行热身运动前，还可以先用冷水淋浴或用冷水拍打身体及四肢，并对腿上容易抽筋的部位和腹部要锻炼的部分进行适当的按摩。这样能够提高身体对冷水刺激的适应能力，可以避免游泳时发生腿抽筋，还能进一步强化瘦腹的效果。

游泳瘦腹阶段练习计划

进行游泳锻炼，也需要制订系统的练习计划。特别是之前从来没有学过游泳的人群，就更应当按照自己的训练进度，合理安排游泳的时长和强度，等到身体能够适应，技巧也比较熟练之后，才能循序渐进地增加运动量。

具体来看，游泳瘦腹训练可以按照以下三个阶段进行：

第一阶段（主要针对初学游泳的人群）

对于初练者而言，刚开始的游泳强度不宜过大，可以先连续游 3 分钟，然后上岸休息 1~2 分钟。休息后，再接着游 2 次，每次时间也是 3 分钟，中途休息 1~2 分钟。

在游泳的过程中，不要追求速度，而是要尽力寻找池水带来的身体漂浮感，要想象自己的腹部赘肉正在不断消失，自己的身体变得越来越轻盈。如此练习一段时间，同时配合合理的饮食和其他一些陆地上的运动锻炼，就能让体重获得明显下降，原先松垮的腹部也开始变得紧实起来。

第二阶段（主要针对有一定游泳基础的人群）

在完成第一阶段的练习后，你已经熟练掌握了正确的泳姿，这时候就要注意泳姿与呼吸的配合了。能力足够的话，还可以将不同的泳姿自由组合，这样不仅能够增强瘦腹的效果，还能让全身更多地方得到锻炼，有助于塑造美好的体型。

至于运动的强度也可以适当提升，你可以不间断地游 10 分钟，之后休息 3 分钟，再游 10 分钟，如此重复 3 次。如果感觉自己还有余力，在下次游泳时就可以尝试连续游 20 分钟，像这样循序渐进，直到能够游 30 分钟为止。

第三阶段（主要针对已经能够适应锻炼强度的人群）

如果在完成第二阶段的锻炼后，你感觉非常轻松，就可以向第三阶段冲刺

了。在这个阶段你可以延长每次游泳的时长，如果能超过 50 分钟是最好的，

因为在游泳 50 分钟之后，你的身体会开始大量消耗脂肪，瘦腹的效果就会特别明显。

当然，你也不能过度锻炼，只要感觉吃力，就应当稍事休息，并且要把总的游泳时长控制在 2 小时以内，而且每周安排 3~4 次游泳就足够了。不要每天都去锻炼，否则身体其他部分的肌肉得不到恢复的机会，就会出现酸痛、抽筋的问题。

骑自行车

自行车是我们最常见的代步工具，在上下班的时候多骑自行车，少坐公交车，不仅能够避免人群拥挤之苦，还可以在上下班的途中得到最有效的减肥锻炼。

骑自行车瘦腹燃脂的 3 个理由

骑自行车进行瘦腹锻炼的好处是不限时间和速度，你可以根据自己的实际需要自行安排车速和车程，既可以为自己带来出行的便利，又能在无形中锻炼了身体，可以让腹部更平坦，身材更匀称。

具体来看，骑自行车对于瘦腹的好处有以下几点：

理由 1：骑车运动简单易行

如果你不擅长运动又很难抽出时间进行慢跑、游泳，不妨选择骑自行车来作为最佳的减肥瘦腹方式。自行车减肥的原理很简单，当自行车的坐鞍无法支撑住人体在运动中的重量时，身体就会自然向前倾而形成阻力，使腹部不得不用力收紧来抵抗这种阻力。此外，双腿在不断蹬踩的过程中也会带动腹部肌肉牵拉、伸展，使腹肌得到持续锻炼，以改善腹部赘肉、松弛等体形缺陷。

理由 2：骑自行车对身体的负担很轻

快走、快跑等运动会在双脚着地的瞬间给身体带来一定的冲击力，对于一些腿脚不灵便或者身体较肥胖的人群来说，很难通过这种方式减掉顽固的肚腩。而骑自行车由于双脚踩着踏板离开地面，能够抵消一部分冲击力，减少了对腰部、膝盖和脚踝的负担。这样身体负担减轻了，即使长时间骑车也不会感到太过于疲惫，能够使身体始终保持苗条与健美。此外，在双腿来回蹬踩踏板的过程中腹部需要不断用力，也能够间接地对腹部起到良好的按摩作用，可以避免腹部长期处于下压状态而变得僵硬、疲倦。

理由 3：骑自行车可以让身体摄入充分的氧气

在骑自行车的过程中，血管有节奏地收缩，能够加速血液循环，使人体摄入更多的氧气。同时，血液循环流畅还能增强心肌功能，从而使肺活量增加，呼吸功能改善，人体也可以呼吸到更多的空气。当身体充满了氧气的时候，脂肪就会在氧气的催化下不断燃烧，并且会随汗水排出体外，这就是当你骑了几个月的自行车后，发现大肚子不见了的主要原因。

自行车瘦腹锻炼法

骑自行车既可以在户外进行，也可以在室内借助固定的自行车或功率自行车等健身器械来进行。不过从减肥瘦腹的角度来看，在户外锻炼优势更多，既可以让你吸收新鲜空气，又可欣赏沿途风景，在减去腹部赘肉的同时还能帮你缓解压力、放松身心。不知不觉间你会惊喜地发现，肚腩不见了，体形更加健美，身体也变得更健康。

为了提升锻炼的趣味性和锻炼效果，你不妨按照以下几种方法进行练习：

1. 慢速锻炼法

慢速锻炼法就是以中慢速度骑车，一般要连续不间断骑行 40 分钟以上，同时要注意调整呼吸，在不影响安全的情况下最好采用腹式呼吸法。以这种速度持续骑 20 分钟以上，就能够燃烧更多的脂肪来供给能量，此法最适合腹部脂肪堆积较多的人群锻炼。

2. 快速锻炼法

在进行快速骑车时，首先应当以自己的六成极限速度骑行 5~7 分钟，然后观察心率是否已经达到最大心率的 85% 以上，并使其保持在这个范围内。采用快速骑车能够提高人体含氧量，推迟剧烈运动后身体的不适感，可以让你尽早开始更高强度的阶段性练习。同时，快速骑车也能使全身肌肉得到很好的锻炼，并能尽量延长这种锻炼结果对人体的作用，最适合腹部松弛的人进行。

3. 快慢结合锻炼法

快慢结合锻炼法又叫作间歇性锻炼法，这种锻炼法同时兼顾慢速与快速，在燃烧脂肪的同时还能够对肌肉进行锻炼。具体来看，在骑车时，你可以先用中慢速骑 1~2 分钟，然后在原来的速度上再加速 1.5~2 倍，骑 2 分钟，最后慢慢降低速度，再以中慢速骑行。如此交替循环锻炼，可以提高你对于有氧运动的适应能力，有助于取得更好的瘦腹效果。

4. 核心肌力锻炼法

这种骑车方式主要是通过腰腹部发力来控制身体平衡的。在骑行过程中，臀部应当离开座位，但身体又不完全站直，将重心移至腰腹部，双腿在蹬踩过程中不断对腹部进行压迫—放松—压迫—放松，从而可以锻炼到核心部位（腰腹部）肌群，起到减肥瘦腹的作用。不过在骑车时上身应放松，并且不要把身体压得过低，以免造成腹式呼吸困难。

需要指出的是，在进行骑车锻炼的时候，最好不要只采用一种方式，而应当将以上几种方式交替进行，充分遵循一种方式为主，同时辅以其他方式的原则，只有这样才能达到更好的瘦腹锻炼效果。

42 天自行车瘦腹减肥方案

如果你以前没有经常骑自行车的习惯，在开始锻炼时不可盲目，应当遵循循序渐进的原则，给自己制定一个 42 天的自行车瘦腹减肥方案。然后根据自己的训练情况适当加码，使自己能够逐渐适应锻炼强度，并能够掌握骑自行车瘦腹的关键。这样一来，你就会发现赘肉和脂肪正在悄悄地离开你。下面，就让我们来学习一下这个为期 42 天的瘦腹方案吧。

第 1~14 天（练习期）

刚开始锻炼时，骑车的速度不宜太快，最好以骑车时心跳稍快、身体微热为宜。每日骑车的时间在 40 分钟（双程）最佳，平日上班的路程如果超过 1 小时，可以先骑车到 20 分钟左右距离的车站，将自行车寄存好后，再坐公车或者地铁上班。下班时也可以采用同样的方法，坐到寄存自行车的车站，再骑车回家。如果是休息外出购物，尽量选择离家距离较远的超市，然后骑车来回往返。

在骑车的时候，如果感觉疲劳或者腹部肌肉有些酸痛，可以采用快慢变速的方法，先以中等速度骑一段时间，然后再放慢速度 1~2 分钟，以帮助体力恢复。

第 14~28 天（熟练期）

经过 2 周的锻炼后，身体状况有了一定的改善，可适当提高骑车运动量。除了坚持每日 40 分钟的锻炼外，还可以在周末的某一天尝试进行稍远的路程，时间在 1 小时左右。当然，出发前最好做好准备，尽量选择有饮料摊点以及公厕的路线，注意每隔 15~20 分钟就补充一次水分。另外，在保证安全的基础之上，骑车时尽量使上身的起伏更大一些，从而可以提升腹部锻炼强度。

第 28~42 天（加强期）

当你已经习惯了骑自行车后，可以根据自己的情况提高骑车速度以及延长锻炼时间。平日上班最好骑自行车走完全程，完全放弃乘坐公交车。吃午饭的时候可以骑车到较远的餐馆用餐，不过吃饱了饭就不要立刻骑车回来，推着自行车慢慢走回来，也不失为一个锻炼的好机会。此外。周末的锻炼也可以适当增加难度，除了在公园或者河堤骑车外，还可以找一些有一定阻力的场所锻炼，例如小山丘、风稍大的地方等等，往返时间是 1.0~1.5 小时，这会让瘦腹锻炼更具有挑战性。

需要提醒的是，在骑车的时候，除了注意增加运动时间外，还应时刻关注自己的脉搏数。一般来说，如果脉搏在 6 秒钟之内跳动 12~14 拍，说明这种锻炼程度刚好可以满足脂肪燃烧的要求，人体会出现小汗、面色微红、周身微热、心跳加快等现象。但要是脉搏过快，或者开始出冷汗、面色发白、头晕目眩，就说明锻炼程度已经超过了身体的负荷，必须立即停止，以免引发危险。

跳绳

跳绳是最普遍流行的一项大众运动，它不受场地、气候、器材的限制，可以随时随地练习，而且很容易掌握要领。当你觉得"大肚子"让变得身体有些沉重而又不想进行其他运动时，不妨拿起绳，即使每天只跳几分钟，天长日久，也能产生可喜的减肥瘦腹作用。

跳绳：比节食更有效的减腹方法

不少人群一提到减肥瘦腹，就很自然地联想到节食的办法。可是，盲目节食不仅非常痛苦，还会损害身体健康。即使是适量节食，其瘦腹效果也比不上科学的锻炼，特别是比不上跳绳锻炼的效果。这主要是因为节食虽然能减轻体重，可实际上减少的只是体内的水分和肌肉，造成大腹便便的"元凶"——脂肪仍然"躲"在身体里，瘦腹的效果微乎其微。

可要是利用跳绳来瘦腹，效果就会完全不同。跳绳减肥法被公认为最佳的减腹锻炼法，它利用上身的力量带动双腿和臀部跳离地面，使腹部能够随着身体的起跳、下落而上下抻拉，有利于消除上腹部的脂肪和赘肉，使腹部变得紧实平坦，身体更加匀称。此外，跳绳还能够使人体在运动中消耗大量的热量，每分钟跳绳 140 次、连续跳 5 分钟，消耗的热量与慢跑 30~40 分钟或者跳健身操 20 分钟相差无几。

如果你患有胃病，经常进行跳绳锻炼还能改善腹腔血液循环，帮助消化，缓解胃痛、胃胀等不适，对于胃下垂造成的小腹突出也能起到收紧的作用。

和慢跑、快走、游泳一样，跳绳也有自己的注意事项和运动方法。要达到最理想的减肥效果，就应当事先对这项运动进行充分的了解。

1. 跳绳的基本注意事项

（1）跳绳前后应当做好暖身运动，放松身体各部位的肌肉，抻拉一下四肢关节，使身体能够保持柔韧与弹性，预防运动性损伤。

（2）选择柔软的草地、泥地或者木质地板、地毯，如果周围只有较硬的水泥地，必须穿上较厚的软底鞋，以保护关节不受损伤。

（3）跳绳时最好穿宽松且质地柔软的衣裤，衣裤的透气性要好，最好吸汗。

（4）跳绳前要选择软硬、粗细适中的绳子，初练者宜使用硬绳，待熟练后再改为软绳。绳子的长度以用脚踩在绳子的中点，两端抵达腋窝处最为理想。

2. 跳绳的姿势要求

（1）双脚：当身体跳起、落地时，应当用前脚掌蹬起、着地，切记不可用全脚掌或者脚后跟落地；双腿在跳起的时候应有意识地屈膝，同时注意不宜跳得过高。

（2）身体：当身体跳起来后，不要佝偻或者极度弯曲，否则就会压迫腹部影响呼吸。所以正确的姿势应是身体呈自然弯曲的姿势，以呼吸顺畅、自然有节奏为宜。

（3）手臂：上臂应当贴紧身体两侧，肘部略向外展，上臂与地面近似于平行。摇绳时，手臂尽量不要晃动，用手腕发力，并用腹部肌肉带动身体跳动。

3. 跳绳的运动量要求

（1）跳绳的速度可以分为两种，初练者每分钟跳 60~70 次为宜，待熟练后可将速度提升到每分钟 140~160 次。

（2）每次跳绳的时间通常为 30~100 分钟，刚开始学跳绳的人每次时间则应控制在 5 分钟。

需要提醒的是，跳绳后不要立即坐下来休息，须做舒缓运动，要将身体尽量放松，做深呼吸，可重复先前用绳进行的伸展运动，亦可利用散步方式放松身体各部位，直至体温和呼吸恢复正常为止。另外在跳绳时，你最好穿上运动内衣，或是选择支撑力较好的棉质内衣，以保护胸部，避免拉伤。

跳绳前后的 10 分钟伸展运动

在跳绳前后，你都应当做一些伸展动作，这样不仅能够预防肌肉、关节拉伤，还可防止运动后身体酸痛。对于想要减去小肚子的人群来说，这种伸展运动还能巩固减肥成果，会让腹部的曲线更加优美，肌肉更加柔韧。

以下这些伸展运动可以供你参考，其中一些动作需要配合你的跳绳一起完成：

（1）身体站直，左腿向后迈一大步并蹬直，右腿屈膝向前弓，身体挺直，双臂尽力向后拉。感觉腹部两侧有收紧的感觉，保持这个姿势 8~12 秒，换另一条腿重复相同动作。（1 分钟）

（2）身体站直，左腿向前迈一大步并伸直，右腿稍屈膝，身体微微向前倾，双臂尽力向前伸。收紧腹部，保持这个姿势 8~12 秒，换另一条腿重复相同动作。（1 分钟）

（3）平躺在地上，双腿屈膝，抬起左腿并伸直，用绳套住足弓，双手持绳子两端并将腿用力向胸部靠近，使腹部有收紧的感觉，时间为 30 秒。两条腿交替进行。（2 分钟）

（4）将绳对折，双手持绳子两端并将其绷紧，两手间距离略宽于肩膀。模仿皮划艇划桨的动作，手向上、向前划动的时候吸气，腹部鼓起，手向下、向后划动的时候呼气，腹部缩紧。（1分钟）

（5）平躺在垫子上，双腿屈膝，抬起左腿并伸直，用绳套住足弓，腹部用力将身体向上抬起，保持3秒钟，然后放下身体。如此重复数次。（1分钟）

（6）将绳对折，双手握住两端将绳拉紧，两手间距离略宽于肩。手持绳子向上举过头顶，腰腹部用力，将身体向左侧弯，保持10秒，然后将身体依次向右侧弯、向前弯。（2分钟）

（7）双手握绳，分别在身体两侧做横"8"字的摆绳动作，同时进行蹲起运动。当动作熟练后，可以将蹲起改为直立跳跃。（2分钟）

简单有趣的花样跳绳法

传统的跳绳法只有简单的单脚轮跳或双脚跳，练的时间长了，可能会让你觉得枯燥无味，也容易失去练习的耐心。因此，你不妨向更高难度的花样跳绳挑战，通过这些简单有趣的跳法，你会惊喜地发现跳绳不仅有瘦腹的作用，同时也充满了乐趣。

花样跳绳法可以分为双脚跳和单脚跳两类，每类又有很多种不同的花样，下面就让我们来学习这些方法吧。

1.双脚同步跳

（1）双手交叉跳：双腿并拢，跳起的同时，双手在头顶迅速交叉，当跳过交叉的绳子之后，双手回到原来的体位。注意双手在头顶交叉的时候，一定要使腹部两侧的肌肉得到抻拉。

（2）弹簧跳：双脚并拢，脚跟离地，将身体重心移到前脚掌。跳动的时候想象自己的腹部就是一根弹簧，肌肉充满了弹性，在跳动的时候甚至能听到弹簧的伴奏音。

（3）空摇跳：将跳绳正常向前摇动2次，身体随之跳起、落下，然后将绳子向右边空摇一次，摇动的过程中身体也向右转动180°，然后正常跳2次。

继续将绳向右空摇一次，边摇动身体再向右转 180°，然后正常跳 2 次。如此连续进行，一直到身体回到正面为止。刚开始练习的时候，可以稍有停顿，待熟悉之后动作应当流畅，并一气呵成。

（4）一摇双跳：摇绳一次连跳 2 次，每次摇绳的周期应当比弹簧跳稍长一些。在跳动的过程中注意调整呼吸，同时注意身体的放松。

（5）滑雪跳：这种跳法是模仿滑雪者绕过障碍物时的动作，双腿并拢，腹部收紧，摇动绳子的同时，腰腹部用力，先向左边跳 30~40 厘米，然后再向右跳 30~40 厘米。

（6）分腿跳：双腿并拢，向上跳起的时候双腿在空中横向分开，然后保持分开的姿势落回地面。再次向上跳起后，双腿在空中并拢，然后保持并拢的姿势落回地面。不管双腿是并拢还是分开，腹部应始终保持紧绷的状态。

2. 单腿轮换跳跃

（1）漫步跳：摇动跳绳，左脚有节奏地向上跳跃，右腿在空中，小腿放松，向前做轻微的半弧线运动，如同太空漫步一般，"漫步"的同时应当带动右侧腹部运动。跳数次后，换右脚跳跃，左腿进行"太空漫步"，带动左侧腹部运动。

（2）高抬腿跳：摇动跳绳，左脚有节奏地向上跳跃，右腿屈膝并抬至与腰部同高的位置，使腹部肌肉得到挤压，同时上身应保持正直。跳数次后，换右脚跳跃，左腿高抬。

（3）拳击步：在跳起的同时，两条腿轮流向前踢，并使脚部抬离地面，身体重心放在腹部，随之向前后移动。

爬楼梯

爬楼梯是一项集健身、减肥、美容于一身的运动。对于瘦腹来说，爬楼梯也能发挥非常积极的作用，可以帮你减去不少腹部赘肉。而且它的锻炼方法十分简单，不受天气变化影响，随时可以进行。所以你可不要小看爬楼梯，如果能够掌握好技巧，小腹就能受益匪浅。

每天爬楼 12 分钟，健身又瘦腹

爬楼梯能够起到瘦腹的作用，是有科学依据的。根据运动医学家的测定，人体每登高 1 米所消耗的热量相当于散步 28 米，爬 15 分钟楼梯和快走 30 分钟所消耗的热量同样多。

如果沿着 6 层楼的楼梯上下跑 2~3 趟，相当于在平地慢跑 800~1500 米的运动量。此外，在爬楼梯的时候，如果再有意识将身体重心集中在腹部，更能起到瘦腹锻炼的效果。由此可见，爬楼梯的确是一项简便可行的瘦腹健身的运动。

为什么爬楼梯能够让小腹变得平坦，这里面难道有什么窍门吗？爬楼梯之所以能起到瘦腹的作用，是因为在爬楼梯的过程中身体往往向前倾，双腿轮流登高的同时反复对腹部发力，不仅能够对肠胃起到按摩的作用，有效防止便秘发生，还可以减少脂肪、废物的堆积，有效消除腹部赘肉。即使只坚持短短一个月的时间，身体也会出现前所未有的改变，你会发现肚子上的"游泳圈"逐渐消失了。

健康爬楼梯要注意的原则

爬楼梯锻炼虽好，也要掌握一些基本原则，否则不但达不到理想的瘦腹锻炼效果，还有可能对身体造成损伤。

那么，爬楼梯锻炼需要注意哪些原则呢？

（1）爬楼梯速度不宜过快。若要发挥最大的减肥功效，爬楼梯的速度最好不宜太快，一开始就采用过于剧烈的方式，不仅容易使身体过于疲倦、减肥效果大打折扣，还会造成心肺负担。因此刚开始锻炼时应采取慢速原则，尽量将双腿抬至最高然后再落下，这样就能使腹部肌肉得到充分的锻炼。在坚持锻炼一段时间后（至少 2~3 个月），可以逐步加快速度或延长时间，并根据个人体能进行调整。当你能够在 1 分钟之内爬楼 5~6 层或者可以持续爬楼 10 分钟，可以试一下跑楼梯。

（2）采用正确姿势爬楼梯。为了更好地锻炼腹部，消除赘肉，你应当按照以下的姿势爬楼梯：膝盖应当放松，将小腿的压力分散至腹部、背部以及髋关节，在登高的同时将身体略向前倾，前脚掌踏在台阶中部，使腿脚、腹部的力量集中为一条直线，这样既可以消除小腹和大腿上的赘肉，又能避免膝盖和脊椎受伤。此外，在下楼的时候，上身略微后仰，先用前脚掌着地，然后再将身体重心分散至全脚掌，可以缓冲膝关节的压力。

（3）爬楼梯要考虑自己的身体状况。并非所有人都适合爬楼梯，这是因为爬楼梯虽然能够增强心肺功能，但是对心血管系统的刺激较大，一些体型肥胖的人群往往都患有高血压、心脏病，在爬楼减肥的过程中可能会出现胸闷、心悸伴大汗淋漓等不适，因此不适合过于剧烈的爬楼运动。身体素质不佳的人群最好不要连续一口气爬四层以上的高楼，在两三层时稍事休息再继续爬，这样有利于保护心脏。

另外，在进行爬楼梯锻炼后，不要忘记对膝关节进行按摩，平时也可结合下蹲、半蹲等锻炼方式，使膝关节得到充分的运动，这样可以尽可能地避免运动伤害。

边爬楼梯边减肥

单纯爬楼梯可能会让人觉得枯燥无味，为此，你可以在爬楼梯的同时采用以下这些小技巧，这样既能够增加锻炼效果，又能让减肥瘦腹变得更加轻松。

动作一：重心转移式

步骤一：

站在台阶的中间，身体微微向下蹲，使腹部稍有挤压感，双腿膝盖弯曲，但不可超过脚尖。

步骤二：

保持这个姿势，抬起右腿，右脚踩在台阶上，左脚仍然放在地面，上身向前抻拉。

步骤三：

将身体重心移至右脚，腰腹部用力，上身向右侧微屈，用右腿支撑身体，然后将左腿向外侧抬高，在最高处稍作停留，保持 5 秒钟。

步骤四：

放下左腿，并将左脚向上抬，踩在第二个台阶上，将身体重心移至左脚，腰腹部用力，上身向左侧略微侧屈，用左腿支撑身体，然后将右腿向外侧抬高，在最高处稍作停留，保持 5 秒钟。如此轮流重复，两条腿各重复 20 次。

动作二：蹑手蹑脚式

步骤一：

全身放松站好，上身保持稳定，颈部尽量挺直，双手背在身后，收紧腹部，双腿略微向前屈。

步骤二：

双腿屈膝，抬起右腿向上迈一个台阶，脚跟落地的同时将右腿伸直，使右髋关节和右脚掌处于一条直线，此时腹部得到有力的抻拉。

步骤三：

臀部不要向后突翘，将力量集中在腹部，将全身重量慢慢移至右脚前掌。

步骤四：

当全身重量完全落在右脚上后，抬起左腿的同时前屈膝盖，向上一个台阶迈步，落地的同时左腿伸直，脚跟落地，接下来的动作与右脚相同。

动作三：双手摆动

步骤一：

挺胸抬头，尽量使腹部上抬；小腿肌肉绷紧，一步踏两个台阶。

步骤二：

踏台阶的时候，始终用前脚掌落地。同时双手应大幅度地前后摆动，呼吸频率随着双手摆动的节奏而逐渐加快，腹部也随着手的摆动左右摇摆。如果能采取腹式呼吸，瘦腹的效果会更好。

动作四：高抬腿上楼

步骤一：

背部挺直，身体略向前倾，两脚开立，与肩膀同宽。

步骤二：

用力收腹，慢慢地抬起左腿，当膝盖与身体成垂直角度时停止不动，为保持平衡，手臂也相应抬高。

步骤三：

腹部收紧，保持这个姿势 3 秒钟，然后将左脚向上迈一个台阶，换右腿重复相同动作。

动作五：跑步上楼

步骤一：

双手握拳放在两侧腰部，上身微向前倾，双腿自然并拢。

步骤二：

用跑步的方式上楼，上楼的过程中双肘向外侧摆动，脚前掌在台阶中部落稳后小腿用力蹬伸，换另一只脚向上迈步。在跑步的同时，要注意腹部应随着双腿的蹬伸动作有节奏地进行抻拉，就像一根充满弹性的弹簧一样，这样才能达到理想的瘦腹效果。

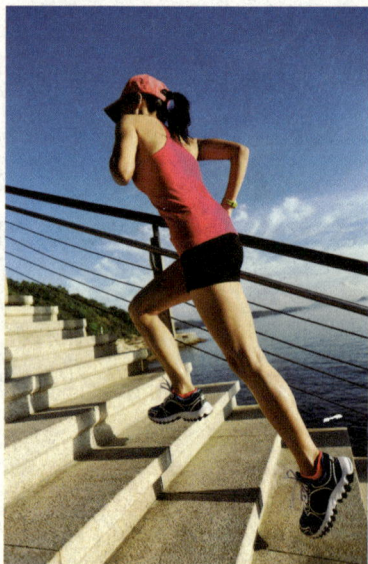

"通向健康瘦腹阶梯"的计划

如果你想减掉腹部赘肉，又没有时间运动，不妨将爬楼梯作为减腹的一个好方法，让小肚腩在上上下下的"颠簸"中消失得无影无踪。在进行爬楼梯锻炼时，你可以按照由易到难的办法，为自己制订瘦腹锻炼计划，通过逐渐加大锻炼难度，使瘦腹的效果也能不断获得提升。

下面就是一个适合初学者的爬楼梯瘦腹锻炼计划：

第 1~3 周

第 1 周

先用比平常稍快的速度上楼，注意放松膝关节，身体不要乱晃。如果楼层较低，可以一口气走上去，锻炼的同时不要忘记让腹部有意识地随腿部上下抻拉。如果楼层很高，可先爬一半的楼层，然后再坐电梯上楼。

第 2 周

先以稍快的速度爬楼 3 分钟，然后休息 2 分钟，再用正常的速度爬楼 3 分钟，然后休息 1 分钟。

第 3 周

先以正常的速度爬楼 1 分钟，不要停下来休息，再以稍快的速度爬楼 4 分钟，休息 1 分钟。

第 4~6 周

经过 3 周的爬楼锻炼后，从第 4 周开始提升一些难度，如试着一步跨两个台阶，注意腿尽量抬高一些，以便让腹部在双腿的协助下得到较好的按摩。同时还应注意，尽量使用腹式呼吸来配合爬楼的动作。每次都是先以正常速度爬楼 3 分钟，然后再以稍快的速度爬楼 5 分钟，休息 2 分钟后再开始下一组练习。

每日可以根据自己的体力进行 3 组或更多的练习。

从第 7 周开始，可以进行爬楼梯加强锻炼，如高抬腿上楼、跑步上楼等，好让腹部的锻炼也随之增强。此外，每次爬楼的时间也可以由数分钟逐渐增加到 20 分钟，但中途应当注意休息，如果感觉身体出现胸闷、关节肿胀等不适，应立即停止锻炼，待不适感消失后再进行。

PART 6

腹部中药茶饮减肥法

　　为腹部肥胖苦恼不止的人群，可以考虑用中草药、茶饮、茶膳来帮助瘦腹。虽然见效较慢，但是不良反应少、疗效好、不易反弹，能够通过改善体质达到减脂、排毒、去肿的效果，可以让你在安全的前提下健康瘦腹。

中药瘦腹也要分清类型

中药有四性五味之分，肥胖也有各种不同的类型，不能盲目采用不对症的中草药瘦腹减肥，否则不但无法达到目的，还会损害身体健康。因此，你应当根据自身的具体情况选择合适的中药，才能起到最佳的瘦腹效果。

1. 虚胖型腹部肥胖

虚胖型腹部肥胖的人群大多属于寒凉（阳虚）体质，如果使用决明子、芦根、夏枯草等辛凉解表类药物，非但不能起到瘦腹减肥的作用，还会伤及脾胃，易于引起腹泻、腹痛、胃痛、手足冰冷、消化不良等不适，诱发肠胃疾病，更会延长食物在体内的停留时间，使小腹"肥胖症"更加严重。因此，这类人群应当采用温热属性的中草药如肉桂、干姜、附子、半夏等来温补身体，同时也能达到瘦腹的效果。

2. 内脏型腹部肥胖

内脏型腹部肥胖者的脂肪一般堆积在上腹部的内脏周围，通常这种类型的肥胖者多兼有高血压、糖尿病、高脂血症、脂肪肝等，表现为消渴、多尿，如果使用荷叶、车前子、金钱草、灯芯草等利尿通淋类中药，容易因身体缺水而出现烦渴多饮，反而会加重病情。所以这类人群要服用生津止渴、健脾和胃的中草药如生地、玄参、麦冬、黄芪等。

3. 肌肉型腹部肥胖

肌肉型腹部肥胖大多是因运动过量，造成肌肉纤维异常粗大而引起的。通常这种类型的腹部脂肪组织比较紧密，摸起来较硬，因此多使用银杏、山楂、丹参、麦芽、姜黄等药物来促进脂肪消耗。而大黄、番泻叶、芦荟、莱菔子、泽泻、薏仁等药物虽然具有不错的通便利水功效，但是长期使用会造成体内水分缺失，这样一来，腹部脂肪并不会减少，只会因缺水而变得更加紧密，反而更难减掉。

4. 内分泌紊乱型腹部肥胖

中医认为，气血瘀滞是造成内分泌紊乱的主要原因，具体表现为脾胃虚弱、腹胀便溏、腰膝发冷，因此这类型的腹部肥胖在治疗上多以活血化瘀、疏肝理气、补脾健胃、温中补阳为主，可以服用桃仁、三七、山楂、柴胡等中草药来补身、瘦腹。而金银花、连翘、土茯苓、木通、竹叶等清热祛湿类药物虽然有较好的瘦腹减肥作用，但是长期使用有损脾胃，易造成腹泻、腹寒、消化不良等症，加重内分泌紊乱，只能使腹部越减越肥。

具有瘦腹功效的 12 种中草药

具有减肥作用的中草药有成百上千种，但你知道哪种中草药瘦腹效果最好吗？以下这 12 种中草药就是最具代表性的瘦腹良药，你可以从中选择最适合自己的来进行调理，调理的方法是将中药加入其他食材中，做成营养药膳，这样对身体没什么不良反应，又可达到瘦腹的目的。

何首乌

|性味|：微温，甘、苦、涩
|归经|：入心、肝、肾经

何首乌别名首乌、夜交藤、赤首乌、首乌藤，《本草纲目》中记载，何首乌有"补肝肾，涩精，养血祛风"的功效。

将何首乌与金银花、杜仲、金樱子、桑葚煎煮能减少消化系统对脂肪的吸收，具有清肠通便、疏肝理气、消除积食的作用，还可改善因肝气阻塞、肾阴不足、肠燥便秘造成的肝肾两虚型腹部肥胖、小腹虚胖，对于"将军肚"兼糖尿病、高脂血症、冠心病、高血压、动脉硬化人群来说同样适用。

何首乌一般用来炖肉、煮粥或者煲汤，每次用量为 15~30 克。不可过量服用，否则会引起恶心、皮疹、四肢发麻等不良反应。另外，何首乌性寒，不适合脾胃虚寒的人群食用，可能会引起腹泻、腹痛。

※ 减肥药膳 ※

五仁首乌粥

材料：

何首乌 20 克，黑豆、黄豆各 10 克，花生仁 10 颗，红枣 5 颗，核桃仁 2 个。

做法：

1.将何首乌、黑豆、黄豆、花生仁、红枣、核桃仁洗净，在清水中浸泡 1 小时。

2.将所有的材料倒入高压锅内，加适量清水，煮约 15 分钟即可。

【温馨提示】

这道粥有滋补肝肾、润肠通便的功效，能够帮助身体排出多余的脂肪、毒素，可以避免过多脂肪堆积在小腹，因此有很好的瘦腹效果。

首乌瘦腹粥

材料：

何首乌 20 克，生山楂 30 克，决明子 15 克，茯苓 10 克，泽泻 10 克，粳米 80 克，冰糖适量。

做法：

1.将何首乌、生山楂、决明子、茯苓、泽泻洗净，用清水浸泡 1 小时，然后煎煮 40 分钟，滤渣取汁。

2.将粳米淘净后与药汁混合放入砂锅中，加适量清水煮粥，待粥将成时，加入冰糖，略煮即可。

【温馨提示】

这道粥有滋补肝肾、健脾利水、消除脂肪的功效，很适合腹部肥胖的人群食用，对于高脂血症、高血压病人也很适用。

首乌黄芪红枣汤

材料：

何首乌 20 克，黄芪 15 克，红枣 10 个，鸡肉 200 克，盐适量。

做法：

1. 将黄芪、何首乌、红枣洗净，装在纱布袋中封好口；鸡肉洗净，切小块。

2. 将药袋和鸡肉放入砂锅中，加清水适量，大火煮沸后转小火炖 1.0~1.5 小时，去药袋后调味即可。

【温馨提示】

这道汤能够为减肥瘦腹期间的人群补充营养，还可改善因为气血不足引起的疲乏无力、腹部松弛等问题。

决明子

|性味|：凉，苦、甘

|归经|：入肝、肾、大肠经

决明子又称决明、草决明、马蹄决明等，《神农本草经》中记载，决明子有"清肝明目，润肠通便，降脂瘦身"的功效。

决明子是药食两用的中药，不仅药店有售，就连各大超市也可以寻见它的踪影，不少女孩子都喜欢用决明子泡水，也取得了不错的瘦腹效果。

中医认为，决明子之所以能够瘦腹是因为它具有轻泻的作用，不仅能减少人体对脂肪和糖类的吸收，还可以促进肠胃蠕动，防治便秘，是瘦腹降脂的常用药材。除了轻泻作用外，决明子还具有清热解毒、败火消炎的功效，能够清除胃热，促进脂肪代谢，使积存在腹部内的脂肪大量消耗，因而能够达到减肥的目的，最适合内火旺盛造成的胃热痰瘀型腹部肥胖者食用。

决明子既可生用也可以炒熟再用，虽然生决明子的泻下药效比炒熟的要强，但寒性也比熟决明子要大，因此水肿型腹部肥胖者（寒性体质）不宜食用，或者最好将决明子炒熟后再食用。

决明子以煮汤、熬粥为主，将其压碎后再用，减肥的效果更好，每次用量为 9~15 克。但是最好不要连续服用超过 1 个月，否则可能会引起腹泻、恶心、呕吐等不良反应。

※ 减肥药膳 ※

决明子夏枯草瘦肉汤
材料：

决明子 15 克，夏枯草 30 克，菊花、钩藤各 10 克，猪瘦肉 300 克，生姜适量，盐适量。

做法：

1. 将药材洗净，浸泡后用纱布包起来；将猪瘦肉洗净、切片；将生姜切片。

2. 将药包、猪肉片、生姜片一起放入砂锅中，加入适量清水，大火煮沸后转小火煮 2 小时，调入适量盐即可。

【温馨提示】

这道汤能够清热去火，降低血脂，最适合腹部肥胖且容易上火的人群服用，不仅能够瘦腹，还能产生通便、明目、降压等功效。

决明子粥
材料：

炒决明子 10 克，粳米 60 克，冰糖适量。

做法：

1. 先将决明子洗净，加水煎煮取汁。

2. 粳米淘净后放入锅中，加入决明子药汁煮粥，粥成后加入冰糖即可。

【温馨提示】

这道粥能够通便、降脂，有助于去除腹部脂肪，并能够改善习惯性便秘、高血压、高脂血症等。

决明子炖茄子

材料：

茄子 400 克，决明子 10 克，酱油、盐、鸡精各适量。

做法：

1. 将决明子洗净，放入砂锅中，加入适量清水煎煮约 30 分钟后，去药渣留汁液备用。

2. 将茄子洗净，切成丁，放入锅中翻炒 3~5 分钟。

3. 倒入决明子药汁，小火炖至茄子熟烂，最后调入盐、酱油、鸡精即可。

【温馨提示】

这道菜具有明显的清热去火、润肠通便的功效，最适合因为长期便秘引起小肚子突出的人群。

丹参

| 性味 |：微寒，苦、微甘
| 归经 |：入心、肝经

丹参也叫紫丹参、血参、大红袍、红根等，《名医别录》中记载，丹参有"活血行血，内达脏腑，化瘀滞，积聚消"的功效。

对于气血瘀滞导致的内分泌失调、脂肪代谢性紊乱，丹参具有很好的调理作用，能够帮助过多的脂肪排出体外，使脂肪不容易堆积在身体尤其是腹部皮下组织，因而能够达到瘦腹的效果。

丹参可以用来煎汤或者熬粥，每次用量 10~15 克，不能过量服用，否则会刺激血管引起呕血、便血。而且丹参的活血作用较强，不宜长期服用，否则会让体内血钾水平下降，引起全身无力、四肢麻木等不良反应。

※ 减肥药膳 ※

丹参玉米糊

材料：

丹参 10 克，玉米粉 100 克，玉米粒 50 克，白糖适量。

做法：

1. 将丹参洗净后浸泡、切片；玉米粉用凉水调成稀糊，玉米粒压碎。

2. 将丹参放入锅内，加适量清水，小火煮 25 分钟，然后将丹参捞出，滤去药渣，药汁备用。

3. 锅中加适量清水，再倒入药汁，大火煮沸后将玉米糊徐徐倒入锅中，搅匀后再煮一二沸，最后调入白糖即可。

【温馨提示】

丹参玉米糊可以活血、利尿、消除腹部脂肪堆积，并可改善腹部浮肿问题，特别适合有小肚子且小便不畅的人群食用。

益气丹参粥

材料：

西洋参 15 克，丹参 15 克，红枣 5 个，粳米 100 克，红糖适量。

做法：

1. 将丹参洗净后浸泡、切片，加水煎煮取药汁。

2. 将西洋参、红枣、粳米、红糖放入锅中，加水适量，再倒入药汁，煮粥即成。

【温馨提示】

这道粥能够益气活血、瘦腹养颜，并且还能调节血压，最适合腹部肥胖并有高血压问题的人群食用。

丹参冰糖水

材料：

丹参 15 克，冰糖适量。

做法：

1. 丹参洗净，切片，放入锅中加适量清水。

2. 大火煮沸后，转小火煮 20 分钟，捞出丹参，调入冰糖即可。

【温馨提示】

丹参冰糖水能够活血化瘀，平衡气血，并可清理血脂，对气血瘀滞造成的腹部肥胖问题有较好的改善作用。

荷叶

|性味|：平，甘、微苦
|归经|：入脾、胃经

荷叶，也叫莲叶、藕叶、荷钱、芰荷等，《本草纲目拾遗》中记载，荷叶有"消食化痰，祛瘀，清胃生津，利肠通便"的功效。

荷叶自古便被视为瘦腹的良药，明朝曾有"荷叶服之，令人瘦劣"的记载。古代中医认为，荷叶有清热利湿、调节脾胃、利尿消肿之功效。暑天食用荷叶粥不仅能祛除暑热，还可以治疗腹部"肥胖症"，对脾虚湿阻型和胃热湿阻型腹部肥胖有较好的疗效。

现代中医认为，荷叶中含有一种叫做荷叶碱的成分，能够消脂、通便。对于喜爱甜食和油腻食物的人来说，经常喝荷叶茶或食用荷叶药膳，可以起到解除油腻、抑制食欲的作用，即使不用刻意节食也能瘦下来。

荷叶可以煮粥、泡茶、煮汤，干荷叶的用量是一次 3~10 克，鲜荷叶为15~30 克，荷叶灰（干荷叶煅烧而成）为 3~6 克。不过由于荷叶性凉，经期、孕期、哺乳期间均应当忌食，气血虚弱、脾胃虚寒、低血压的人群也应少用。

※ 减肥药膳 ※

荷叶粥

材料：

鲜荷叶 1 张，粳米 100 克，白糖适量。

做法：

1. 将粳米洗净，加水煮粥，粥将熟时将鲜荷叶盖在粥上。

2. 焖约 15 分钟，揭去荷叶，如果粥成淡绿色，再煮沸片刻即可。吃的时候可以调入白糖。

【温馨提示】

这道粥有清热利湿、消除水肿、降血压、降血脂的功效，很适合腹部肥胖伴有高血压、高脂血症、小便短赤等症的人群食用。

桑葚木耳荷叶汤

材料：

桑葚 30 克，干木耳 10 克，鲜荷叶 15 克，冰糖适量。

做法：

1. 将材料洗净，木耳泡发后撕小块，荷叶切丝，桑葚去蒂。

2. 将三者放入砂锅中，加水适量煮汤，可根据自己口味调入冰糖。

【温馨提示】

这道汤能够促进消化、排毒润肠、降低血脂，有助于消除腹部过多的脂肪，并且还有补铁的功效，经常食用可养血美容。

荷叶豆浆

材料：

鲜荷叶 20 克，豆浆 250 毫升，冰糖适量。

做法：

1. 将荷叶洗净后切丝，放入锅中，加适量清水，煎煮至 50 毫升。

2. 豆浆煮沸，倒入荷叶汤汁，再次煮沸后调入冰糖即可饮用。

【温馨提示】

荷叶豆浆营养丰富，不但能够清利湿热，还能滋补脾胃，并有很好的消脂解腻的功效。腹部肥胖的人群饮用后，可以解除油腻、控制食欲，对瘦腹很有帮助。

桑叶

I 性味 I： 微寒，苦、甘、香、微咸
I 归经 I： 入肝、肺经

桑叶也被称为铁扇子、神仙叶、蚕叶等，《本草求真》中记载，桑叶有"清肺泻胃、凉血燥湿、去风明目"的功效。

桑叶还有减肥瘦腹的功效，我国古代养生家曾用桑叶代茶饮用，说它"服之轻身耐老，令人瘦"。现代医学也发现，桑叶不仅具有养生功效，经常用桑叶泡茶饮用还能起到减肥瘦腹的作用。

这是因为当人体充满水分而又无法排出时，就会造成身体浮肿，使最容易"受害"的腹部出现宣软的浮肉。而桑叶具有利水的功效，可以促进排尿，减少多余水分在皮下细胞内的蓄积，适宜脾虚湿阻型腹部肥胖者使用。除此之外，桑叶还含有大量的粗蛋白，能够促进肠胃蠕动，对预防便秘、消除腹部胀气也有较好的疗效。

一般来说，新鲜桑叶的减肥功效比干桑叶要好，不过新鲜桑叶上往往会残留农药，因此购买或采摘后，应当用水先彻底浸泡，以去除农药等化学物质。在食用时，桑叶可以煮粥、煮汤或入菜肴，干桑叶用量为 5~10 克，鲜桑叶为 10~20 克。过量会损伤脾胃，导致食欲不振、恶心呕吐，应当注意避免。

※ 减肥药膳 ※

桑叶粥

材料：
新鲜桑叶 20 克，新鲜荷叶 1 张，粳米 100 克，白糖适量。

做法：
1. 先将新鲜桑叶、新鲜荷叶洗净浸泡，然后切成丝，放入锅中加水煎汤。
2. 滤渣取汤，与粳米同放入锅中煮粥，粥成后调入白糖即可。

【温馨提示】

这道粥能够减肥消脂、降低血糖，还有利尿消肿的功效，食用后有助于改善腹部肥胖和腹部浮肿等问题。

桑叶猪肝汤

材料：

新鲜桑叶 20 克（干桑叶 10 克），猪肝 200 克，盐、枸杞各适量。

做法：

1. 将桑叶洗净，猪肝切片，放入锅中，加水煮沸。
2. 煮沸后加入枸杞，转小火续煮 1 小时，用盐调味即可。

【温馨提示】

这道汤不仅可以利尿消肿，还能养血补铁，而且猪肝的脂肪含量比较低，食用后也不必担心会让腹部更加肥胖，因此是一道减肥瘦腹期间的保健佳品。

桑叶百合蛋花汤

材料：

鸭蛋 1 个，新鲜桑叶 20 克，川贝母 5 克，百合 20 克，盐适量。

做法：

1. 材料洗净，将桑叶放入锅中，加水煎煮取汤。
2. 将桑叶捞出弃之，汤汁倒入碗内，加入川贝母、百合，隔水蒸煮。
3. 蒋蒸好的川贝、百合连同汤汁倒入锅中，煮沸后打入鸭蛋，调入盐即可。

【温馨提示】

这道汤有很好的清热利水、降脂降压、滋阴养血的功效，可以让你在瘦腹的同时还能达到美容的效果，不过由于鸭蛋胆固醇含量较高，所以每次食用最好不要超过 1 个。

陈皮

| 性味 |：温，苦、辛
| 归经 |：入脾、肺经

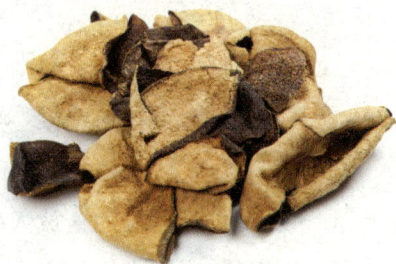

陈皮别名橘皮、红皮、新会皮、柑皮等，《本经》记载，陈皮"苦能泄能燥，辛能散，温能和，其治百病，意是取其理气燥湿之功"。

陈皮还有很好的消食、减肥功效，它含有多种挥发油，对消化道有刺激作用，能促进胃液分泌，加快胃肠蠕动，可改善脾胃气滞、脘腹胀满、消化不良等症造成的腹部胀气，对脾虚湿阻型、脾胃两虚型腹部肥胖症也有较好的疗效。

陈皮的吃法多种多样，既可以煲汤也可以熬粥，炖肉时放入一片陈皮更可增加肉食的鲜美，消除油腻。如果平日进餐后感觉肠胃不适，还可以用陈皮泡茶饮用，能够起到消食导滞之功效，不过陈皮燥湿助热，因此不适合热性（胃热、肝火旺盛）体质的肥胖者使用。陈皮一般用量为 6~10 克，脾胃虚弱、痰湿较重的人可以适当增加用量。

※ 减肥药膳 ※

陈皮红豆沙

材料：

陈皮 10 克，红豆 200 克，白糖适量。

做法：

1. 将红豆用凉水浸泡 1 天，陈皮浸泡后切碎。
2. 将红豆倒入锅中，加入水和陈皮，用大火煮。
3. 煮沸后转小火续煮至红豆熟烂、口感绵软，然后调入白糖即可。

【温馨提示】

陈皮红豆沙有清热解毒、健脾益胃、利尿消肿等功效，对于腹部肥胖、腹部浮肿并有消化不良问题的人群非常适用。

黄花陈皮粥

材料：

干黄花 50 克，陈皮 6 克，粳米 80 克，红糖适量。

做法：

1. 干黄花洗净后浸泡，放入砂锅内加水煎煮，取汤汁备用。

2. 将粳米放入锅中，加水大火煮沸，倒入黄花汤汁，转小火续煮。

3. 待粥将熟时，加入切碎的陈皮，续煮 2 分钟，调入红糖即可。

【温馨提示】

这道粥有很好的清热利湿、利尿消肿、健胃消食、安神止血的功效，对于腹部肥胖、腹部浮肿并有便秘、小便不通、失眠等问题的人群非常适用。

陈皮海带粥

材料：

海带、粳米各 100 克，陈皮 6 克，白糖适量。

做法：

1. 将海带用温水浸软，洗净后切成碎末；陈皮用清水洗净，浸泡 20 分钟。

2. 将粳米淘好放入锅内，加水适量，大火煮沸。

3. 加入陈皮、海带，转小火煮。煮粥的过程中注意搅动，粥熟后加白糖调味即可。

【温馨提示】

这道粥有理气健胃、清热利水、补气养血的功效，有助于消除腹部脂肪，并可为身体补充足够的碘元素、钙元素，可促进脂肪的分解，瘦腹作用非常明显。

泽泻

|性味|：寒，甘、淡

|归经|：入肾、膀胱经

泽泻又名水泽、如意花、水泻等，《本草纲目》中记载，泽泻有"渗湿热性痰饮，止消化不良，身体困重"的功效。

现代医学证实，泽泻含有三萜类化合物，能够促进脂肪分解，减少胆固醇，降低血脂，对于因腹壁脂肪过多造成的脂肪肝、动脉硬化有不错的改善作用，是瘦腹减肥、降血脂的常用中药，适用于胃热湿阻型腹部肥胖人群。

泽泻既可单独入药，也可加入中药复方中使用，与白术、猪苓、茯苓、桂枝等中药搭配使用，有利水渗湿、清热利尿之功效，可治疗小便不利、尿少水肿、消化不良、痰饮、肾火旺盛等症，对脾虚水肿型腹部肥胖也有一定的疗效。

虽然泽泻能够起到减肥的作用，但是因其药性过寒，因此体虚者或热象不明显者应慎用，以免造成其他并发症。泽泻用量为6~15克，以煎煮汤剂为主。

※ 减肥药膳 ※

泽泻木耳海带汤

材料：

泽泻15克，黑木耳50克，海带100克，生姜、葱、盐、鸡精各适量。

做法：

1. 材料洗净，将泽泻研成细粉，木耳泡发后撕小块；生姜切片，葱切段。

2. 将泽泻粉、木耳、海带、生姜、葱同放砂锅内，加水煮沸后转小火煮35分钟，再加盐、鸡精调味即可。

【温馨提示】

这道汤能够清热利尿、补血活血，对于腹部肥胖伴有贫血、消化不良、小便不通的人群非常适用。

泽泻香菇汤

材料：

泽泻15克，香菇150克，木耳50克，生姜、葱、盐、鸡精各适量。

做法：

1. 材料洗净，将泽泻研成细粉，香菇切片，木耳泡发后撕小块；生姜切片，葱切段。

2. 将泽泻、香菇、木耳、生姜、葱同放砂锅内，加适量清水，大火煮沸，转小火煮 30 分钟，调入盐、鸡精即可。

【温馨提示】

这道汤有利水消肿的功效，并可促进肠道蠕动，加速脂肪分解，可避免脂肪在腹部过度堆积。

泽泻粥

材料：

泽泻 15 克，粳米 80 克。

做法：

1. 材料洗净，将泽泻研磨成粉末，粳米浸泡。

2. 将粳米放入锅中，加水煮粥，待粥将熟时加入泽泻粉，稍煮即成。

【温馨提示】

这道粥有健脾渗湿、利水消肿的功效，对于腹部肥胖伴有小便不通、水肿、湿热带下等问题的人群非常适用。

昆布

| 性味 |：寒，咸
| 归经 |：入肝、胃、肾经

昆布别名纶布、海昆布、江白菜等，《本草经疏》中记载，昆布"能软坚，润下，除热结散，除胀满作肿"。

昆布中的营养非常丰富，不仅含有碘、钙、铁等人体必需的成分，还含有丰富的 B 族维生素和钾元素，能够提升新陈代谢，加速脂肪分解，并能减轻浮肿，因此有很好的瘦腹功效。长期食用还能温补肾气，在冬天起到极佳的御寒作用，最适合身体虚弱的人尤其是女性食用。

昆布的减肥功效不仅如此，对于喜爱吃油腻食物的人群来说，昆布中的粗纤维能够将多余的油脂"包住"，通过加速肠道蠕动而将其排出体外，让你在大啖美食的同时也能轻松吃掉小肚腩。

昆布可以煮汤或炒菜、凉拌，每次用量最好不要超 50 克。并且由于昆布性寒，脾胃虚寒的人群和孕期、经期女性是不宜食用的。

※ 减肥药膳 ※

昆布炖冬瓜

材料：
冬瓜 300 克，昆布 30 克，文蛤 150 克，料酒、盐、香油、生姜各适量。

做法：
1.昆布浸泡后洗净切小片，冬瓜去皮、子后切块，生姜切丝，蛤蜊吐沙后洗净。

2.锅中加水适量，放入冬瓜、姜丝，用小火煮。

3.煮至冬瓜呈半透明状，放入蛤蜊、昆布，再次煮沸后调入料酒、盐和香油即可。

【温馨提示】
这道菜有健脾、利湿、消肿、降血压、降血脂的功效，很适合腹部浮肿、血压高、小便不利的人群食用。

酸味昆布丝

材料：
昆布 50 克，胡萝卜半根，清汤、酱油、柠檬汁、鸡汁各适量。

做法：
1.材料洗净，将昆布和胡萝卜切成细丝。
2.将切好的昆布和胡萝卜丝放入锅中，加入清汤、酱油和鸡汁，用小火煮软。
3.将煮好的昆布和胡萝卜丝捞出来，放入碗中，淋入柠檬汁即可。

【温馨提示】
这道菜不仅有减肥去脂的功效，还能增进食欲、消除油腻，对于腹部肥胖且胃口不佳的人群非常适用。

昆布嫩姜

材料：

昆布 50 克，嫩姜 150 克，白醋、白糖、白芝麻、盐各适量。

做法：

1. 材料洗净，昆布浸泡后焯熟，嫩姜切成薄片，然后放入锅中，加入清水、白醋、白糖、盐，用小火煮。

2. 小火煮沸后续煮 8~10 分钟熄火，凉凉后拌入昆布，放入冰箱冷藏，吃的时候撒上白芝麻。

【温馨提示】

这道菜有利水消肿的功效，并且生姜中含有的辛辣成分还能帮助燃烧脂肪，会让你腹部松垮的赘肉逐渐消失。

山药

|性味|：平，甘
|归经|：入脾、胃、肺、肾经

山药又称淮山、土薯、薯蓣等，《本经》中记载，山药有"补虚劳羸瘦，健脾胃，益肾气，充五脏"的功效。

对于想要瘦腹的人群来说，山药是一款保健佳品。它营养丰富，脂肪含量低，而且便于肠胃吸收，易于产生饱腹感，因此最适合在减肥期间作为主食食用。除了具有脂肪低的特点外，山药还含有丰富的黏液蛋白，这种黏液蛋白能够抑制体内热量向脂肪转化，同时还可促进腹部原有脂肪的分解，从而可以减少皮下脂肪堆积，对于腹部脂肪较多的人群来说能起到双倍的瘦腹作用。

作为药食两用的中药，山药既可以烹制菜肴，也可以熬粥煮饭，不过药用量每次为 15~30 克，食用量每次不宜超过 200 克，过多食用，可能会造成腹胀、便秘等不良反应。

※ 减肥药膳 ※

松花蛋山药泥

材料：

松花蛋 2 个，山药 200 克，盐、鸡精、生姜、橄榄油各适量。

做法：

1.山药洗净，蒸熟后拍成泥；松花蛋去皮，切四瓣备用；生姜切末。

2.锅中热少许橄榄油，放入山药泥、姜末、松花蛋翻炒，调入盐、鸡精翻炒片刻后即可出锅。

【温馨提示】

这道菜能够增进食欲、促进消化吸收，可减少脂肪在体内的堆积，有助于消除腹部肥胖。

白扁豆山药粥

材料：

山药 30 克，白扁豆 10 克，粳米 20 克，白糖适量。

做法：

1.将粳米、白扁豆洗干净，山药洗净去皮、切片。

2.将粳米、白扁豆放入锅中，加水煮沸后转小火煮至半熟。

3.加入山药片，煮至烂熟即成，出锅前加少量白糖调味。

【温馨提示】

这道粥有健脾益气、化湿通便等功效，很适合腹部肥胖伴有便秘、带下过多、食欲不振的女性食用。

冰糖山药

材料：

山药 200 克，冰糖适量。

做法：

1.山药洗净后去皮，切成滚刀块。

2.将山药和冰糖放入锅中，加入清水适量，大火煮沸后转小火煮 40 分钟即可。

【温馨提示】

这道菜能够帮助消化、消除脂肪，而且热量极低，食用后不用担心会发胖，并且食用后还能产生饱腹感，有助于控制饮食，对瘦腹很有帮助。

茯苓

|性味|：平，甘、淡
|归经|：入心、脾、肾经

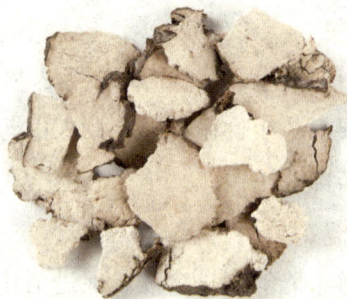

茯苓又名云苓、松苓、茯灵等，《本草纲目》中记载，茯苓有"利小便，除湿益燥，和中益气，安魂养神"的功效。

茯苓是同具补益与渗利之功效的佳品，与其他药材配伍更能起到补泻同益的功效。茯苓与补气药同用有健脾消食的作用，可治疗因脾胃失调造成的脾肾气虚型腹部肥胖；茯苓与利尿药同用可消肿除痰，对排水不利造成的浮肿、腹部肿大有较好的疗效，最适合痰滞水肿型以及肝郁气滞型腹部肥胖者食用。茯苓还有降血糖的作用，可促进新陈代谢，从而达到减肥瘦腹的目的。

茯苓的药用量为 6~15 克，用于食疗最多不能超过 30 克，过量服用可能会引起小便次数过多。肾虚和气虚的人不宜服用茯苓，否则可能会加重病情。另外，在服用茯苓期间，不要喝浓茶，也不要食用米醋，否则不光会影响茯苓的效果，还有可能引起中毒反应。

※ 减肥药膳 ※

茯苓豆蔻馒头

材料：

茯苓 30 克，豆蔻 15 克，面粉、白糖、发酵粉各适量。

做法：

1. 将茯苓烘干后研磨成细粉，豆蔻去壳研成细粉。

2. 将茯苓、豆蔻粉同面粉混匀，加水、发酵粉揉成面团，将面饧好后揉成馒头。

3. 将馒头放入蒸笼内，大火蒸 15 分钟即可。

【温馨提示】

茯苓豆蔻馒头有化湿、健胃、消肿等功效，对于腹部肥胖、浮肿伴有脾胃不调的人群非常适用，也可以作为瘦腹期间的主食，食用后不必担心会让腹部变得更加肥胖。

茯苓红花鸡蛋面

材料：

茯苓 30 克，红花 6 克，挂面 50 克，鸡蛋 1 个，熟火腿、番茄各 30 克，生姜、葱、盐、橄榄油各适量。

做法：

1. 将茯苓烘干，研磨成细粉；红花洗净，葱切段，生姜切片，熟火腿、番茄切丁，鸡蛋调匀。

2. 锅中热少许橄榄油，加入生姜、葱爆香，放入鸡蛋、番茄、火腿丁、红花翻炒数下，加入清水，煮沸后下挂面。

3. 待挂面煮熟后，将茯苓粉用少许水调匀，代淀粉勾芡，调味即可食用。

【温馨提示】

茯苓红花鸡蛋面具有活血化瘀、利水渗湿等功效，很适合腹部肥胖伴有水肿、小便不利的人群食用，有痛经问题的女性也可以食用。

茯苓贝梨

材料：

茯苓 15 克，川贝母 10 克，梨 1 个，蜂蜜、冰糖各适量。

做法：

1. 将茯苓洗净，切成小块；川贝母去杂，梨洗净切成丁。

2. 将茯苓、川贝母放入锅中，加水适量，用中火煮熟。

3.加入梨、冰糖继续煮至梨熟，凉温后调入蜂蜜即可。

【温馨提示】

这道菜有清热生津、健脾利胃、利水渗湿等功效，对于腹部肥胖、浮肿的人群非常适用，经常食用，还有美

山楂

|性味|：微温，酸、甘
|归经|：入胃、脾、肝经

山楂又叫红果、山里红、胭脂果等，《本草纲目》中记载，山楂有"化饮食、消肉积，治痰饮、痞满、滞血胀痛"的功效。

一般来说，过食肥厚味甘容易造成消化系统负担，使胆、胰、胃等器官的消化液分泌减少，造成消化不良。食物如果无法被正常消化、吸收，就会转化为脂肪堆积在体内，久而久之形成肥胖。而山楂中含有多种有机酸和分解酶，不仅能加速食物的分解，还可以促进胃液的分泌，可以在最短时间内让身体完成吸收与消化的全过程，不给脂肪的形成留一点机会。

除了消化不良外，气血瘀滞也是造成肥胖的主要原因之一。人体气血不畅，会影响脂肪代谢的速度，使膏脂内瘀、气血壅塞，并造成肥胖。而山楂有活血化瘀、疏肝理气的作用，能够降低血液中的脂肪含量，加快血液循环，提高脂肪代谢速度，对局部肥胖尤其是腹部肥胖有明显的改善作用。

山楂既可以生吃也可以熟食，食疗的话每次最好不要超过 50 克，不过对于肠胃功能较弱的人尤其是女性来说，将山楂煮熟后再食用，可以减少对肠胃的刺激，减肥的效果也会更好。

※ 减肥药膳 ※

山楂梨粥

材料：

山楂 5 个，梨 1 个，粳米、糯米各 30 克，冰糖适量。

做法：

1. 材料洗净，将粳米与糯米一同放入水中浸泡 30 分钟。

2. 将梨、山楂切块，放入锅中加水煮成梨水。

3. 将粳米、糯米入锅，倒入梨水，加少许冰糖，煮粥即可。

【温馨提示】

这道粥能够清热去火、解毒消脂、通便润肤，还有降低血压的功效，很适合腹部肥胖伴有便秘、小便黄赤、高血压的人群食用。

牛蒡山楂汤

材料：

山楂 8 个，牛蒡 200 克，山药 200 克，胡萝卜 1 根，盐适量。

做法：

1. 材料洗净，牛蒡削皮、切块后，浸入淡盐水中；胡萝卜、山药削皮、切块。

2. 将所有的材料放入锅中，加水适量，大火煮沸。

3. 改小火，调入盐，续煮至牛蒡熟软即可。

【温馨提示】

这道汤有非常明显的降血糖、降血脂、降血压的功效，并可润肠通便，热量也很低，食用后不用担心会加重腹部肥胖问题。

山楂芹菜粥

材料：

山楂 3 个，芹菜 100 克，粳米 60 克。

做法：

1. 材料洗净，山楂去核切片，芹菜切末，粳米浸泡。

2. 将粳米入锅，加水大火煮沸，转小火煮 30 分钟，然后放入芹菜和山楂煮 10 分钟即可。

【温馨提示】

这道粥可以促进消化、缓解便秘、消除脂肪，可以作为减肥瘦腹期间的主食食用。

薏仁

| 性味 |：微寒，甘、淡、微涩
| 归经 |：入脾、胃、肺经

薏仁又名薏苡仁、苡米、苡仁等，《本经》中记载，薏仁有"除筋骨邪气，敛肠止涩，消肿利水，健脾益胃，祛风胜湿，轻身延年"的功效。

薏仁热量较高，许多人都对其望而生畏，反而忽略了它的减肥作用。其实薏仁有利水渗湿、健脾止泻、清热解毒的功效，在提高肾功能的同时还能帮助排出体内多余水分，对水肿型腹部肥胖有较好的疗效。此外，薏仁易于消化，容易使人产生饱腹感，有助于抑制旺盛的食欲，可减轻肠胃负担，不仅可以作为病中或病后体弱者的补益佳品，对减肥也非常有效。

薏仁吃法很多，熬粥、煮饭、煎汤均有利于肠胃的吸收，每次用量最好不要超过 100 克，烹饪时如果搭配山药、百合、莲子、茯苓等其他中药，瘦腹的效果会更佳。

※ 减肥药膳 ※

山楂薏仁水

材料：

山楂 60 克，薏仁 90 克，陈皮 2 块，冰糖适量。

做法：

1.材料洗净，放锅中加水浸泡 2 小时。

2.大火煮沸，转小火煮 2 小时，出锅前调入冰糖即可。

【温馨提示】

山楂薏仁水具有利水消肿、瘦身消脂、消除积滞的功效，适合腹部肥胖、腹部浮肿并有腹胀、消化不良等问题的人群食用。

冬瓜薏仁粥

材料：

冬瓜 120 克，薏仁 40 克，粳米 30 克。

做法：

1.将粳米、薏仁分别洗净后浸泡 30 分钟，冬瓜去子去皮，切成小块。

2.将薏仁、粳米放入锅中，加水大火煮沸，转小火煮 15 分钟。

3.加入冬瓜，小火续煮至米粒开花、冬瓜透明即可。

【温馨提示】

这道粥有利尿消肿、清热生津、健脾和胃等功效，尤其适合在夏季服用，还有解暑的功能，对于腹部浮肿也有较好的改善作用。

海带薏仁蛋汤

材料：

薏仁 30 克，海带 50 克，鸡蛋 1 个，胡椒粉、鸡精各适量。

做法：

1.材料洗净，将海带与薏仁放入高压锅中，加水炖至极烂。

2.将炖好的海带和薏仁连同汤汁倒入砂锅中，大火煮沸后打入鸡蛋，调入胡椒粉、鸡精即可。

【温馨提示】

这道汤不仅营养丰富全面，还有利湿、活血、软坚等功效，有助于消除腹部结实的脂肪。

具有减腹功效的 9 种茶

除了中药以外，喝茶也能起到瘦腹的功效。茶饮能够去油腻、消脂肪，可以去除你的腹部赘肉。不过，茶叶种类甚多，哪些茶叶对腹部肥胖最有效呢？

下面介绍的这 9 种茶，虽然种类不同，但是对于消除腹部脂肪都有各自的优势，你可以根据自己的喜好合理选用。

黑茶

黑茶原本是为了减少茶叶的体积，延长茶叶的保质期，而利用菌发酵的方式制成的一种茶叶。但是人们很快发现，茶叶在发酵的过程中会生成一种特殊的成分，能够使脂肪分解速度提高数倍，并将其排出体外，从而减少了脂肪在体内的堆积，最适合腹部肥胖、赘肉较多的人群来饮用。

黑茶在饮用时也有一定的讲究，由于黑茶中添加了不同的原料，光用热水冲泡无法将茶叶中的有效成分都释放出来，因此最好用煮的方式。在煮茶的过程中适量加入牛奶和盐，还可以起到开胃和补充营养的作用。

黑茶可在两餐之间饮用，每天 20 克左右为宜。由于黑茶味道较苦涩，而且对胃有一定的刺激，因此不习惯喝茶的人群宜饮用淡茶。

普洱茶

普洱茶与黑茶一样，同样是为了延长茶叶保存时间、减少茶叶的体积而发酵制成的，但是由于采用的茶叶品种不一样，因此独成一派。近年来，普洱茶已经成为家喻户晓的名茶，原因很简单，经常喝普洱茶具有保健养生的功效，对于肥胖者而言还能起到减肥瘦腹的作用。

普洱茶被称为"茶中的减肥冠军"并不是现代才有的事情，在《本草纲目》中就记载普洱茶能"解油腻，刮肠通泄，使人瘦"。现代人缺少运动，但又嗜好美食，饮用普洱茶是再好不过的了，在大快朵颐后，喝一杯普洱能解油腻，还能让多余的脂肪尽快分解并排出体外，不会在腹部停留而形成厚厚的脂肪层。

一般来说，年份越久的普洱茶减肥效果越好，经过特殊发酵后的普洱茶，对人体有害的成分在发酵过程中被分化掉，因此口感更加醇厚，品质温和，且比一般茶叶更具有减肥效果，尤其是腰腹部较胖的人群，每天坚持适量饮用普洱茶，可以使腹部变小，还不易反弹。

除了年份之外，普洱茶还有生普、熟普之分，就减肥与养胃功效而言，熟普更胜一筹。但是熟普性温燥，因此虚火体质的人不宜饮用。另外，空腹也不能喝浓普洱茶，否则会妨碍正常的消化，还有可能引起头痛、眼花、心烦等"茶醉"现象。

乌龙茶

乌龙茶是我国独有的茶种，兼有绿茶与红茶的特性，属于半发酵而成的茶叶，我们最熟悉的铁观音就是乌龙茶的一种。

乌龙茶的减肥功能在古代就已远近闻名，在《茶赋》中就有"夫其涤烦疗渴，换骨轻身，茶茹之利，其功若神"的赞誉。乌龙茶之所以流传甚深广，是因为它能够溶解脂肪。实验证明，乌龙茶中的单宁酸含量比其他茶高出数倍，能够促进消化酶分泌和分解脂肪。每天饮用不超过 20 克的乌龙茶尤其是饭后饮用，能够使脂肪几乎不被吸收就直接排出体外，防止因热量消耗不够致使脂肪堆积体内形成腹部肥胖。除了减少脂肪摄入外，如果感觉食物太油腻，最好也喝一杯乌龙茶，不但有饱腹感，还可以去除油腻。而且乌龙茶比较耐泡，每次泡茶后连喝五六道仍然有茶香味，不过最好用 100℃的沸水冲泡，这样才能品出乌龙茶特有的风味。

杜仲茶

严格来说，杜仲并不算是茶的一种，而是一味珍贵的中药，李时珍所著《本草纲目》就记载，"杜仲，能入肝补肾，补中益精气，坚筋骨，强志，治肾虚腰痛，久服，轻身耐老"。杜仲的药用价值极高，有补五脏六腑之功效，中医常用杜仲皮入药，而现代医学研究发现，杜仲的叶与皮具有同样功效，于是将杜仲叶按照制茶方法加工成杜仲茶，使其同时具备中药的治疗功效和茶叶的瘦腹保健作用。杜仲茶有利尿通便的作用，能够促进新陈代谢和热量消耗，防止多余脂肪和代谢废物在腹部堆积。此外，在饮用杜仲茶减肥的同时，茶中的有效成分还能对肾脏与肝脏功能进行调整，进而使脏腑机能得到全面提升，可以从根本上解决小腹肥胖问题。

杜仲茶的口感有些青涩，有的人可能无法接受，为了改善口感，可以在杜仲茶中加入 30% 的茉莉花茶或者乌龙茶，然后用沸水冲泡，闷数分钟就可以享受到茶香扑鼻的怡神惬意了。

吉姆奈玛茶

吉姆奈玛茶原产于印度，其原材料属于藤本马铃薯科植物，在中国叫作匙羹藤。虽然吉姆奈玛茶并不像其他茶叶那样可以阻碍脂肪的吸收，但是却具有更加独特的作用。

比如，吉姆奈玛茶能够破坏糖的甜味，降低舌头对甜味的敏感度。在喝下这种茶后一小时内，都不会再觉得甜食美味可口。所以此茶又有"糖杀死"的称号，能够控制甜食对人的诱惑力，可以避免摄入过多糖分而引起腹部肥胖。对于喜爱吃甜食的人来说，饮用吉姆奈玛茶还能将糖分排出体外，可以降低糖类转化脂肪的速度，多余脂肪不见了，自然不用担心肚子一胖再胖。

因此，你可以在餐前或是准备吃甜食之前喝一些吉姆奈玛茶，这会让你在开怀享受美食的同时，还不用担心发胖。如果你在饮用吉姆奈玛茶之前咀嚼一些茶叶，瘦腹的效果将会更加明显。

玫瑰花茶

玫瑰花茶是很多女性朋友非常喜欢的一种茶，它是用鲜玫瑰花和茶叶的芽尖混合而成的，药性温，口感甜香、气味芬芳。玫瑰花茶既有美容的效果，又具有茶的保健作用，经常饮用能够温养心肝血脉、舒发郁气，起到镇静、安抚、抗抑郁的功效，对肝脏机能以及脂肪代谢起到双重调节的作用，最适合因内分泌紊乱而致使小腹胀气、突出的人群。

玫瑰花茶每天可以冲泡 5~10 朵，冲泡玫瑰花茶的水温不宜过高，以 80℃为宜，过高的水温会破坏玫瑰花的颜色和活性成分。由于玫瑰花口感稍涩，可根据个人口味调入蜂蜜或冰糖，脾胃虚弱的人群可在泡茶时加入红枣或者西洋参，如果肾气虚弱，在玫瑰花茶中加入枸杞还能增强肾脏机能。不过，由于玫瑰花茶有收敛的作用，所以便秘的人群就不宜饮用了。

洛神花茶

洛神花又叫玫瑰茄，一直以来被广泛使用于食用色素。可是研究人员发现，洛神花的花萼含有花青素、多酚、原儿茶酸和类黄酮类物质，能够促进胆汁分泌，增加肠胃蠕动。每天坚持饮用，有助于降低血液中的总胆固醇和三酰甘油，使脂肪被分解并排出体外，从而能够起到减肥瘦腹的作用。

因此，想要瘦腹的人群可以适当饮用洛神花茶。与减肥药相比，洛神花茶虽然瘦腹效果较缓慢，但是非常安全，不会对身体造成伤害。

由于洛神花直接冲泡的口味极淡，所以最好采用烹煮的方法制作洛神花茶，并可以加入少量的冰糖或蜂蜜来调味，以便提升口感。如果想要加强瘦腹的效果，可以在冲泡的时候加一点决明子，这样比单纯饮用的瘦腹效果更好。不过，由于二者都是寒凉之物，所以不适合每天饮用，特别是本身就有体虚、胃寒问题的人，就更要注意避免。

苦丁茶

中医认为，对于胃肠热盛导致的腹部肥胖，应采取清热、泻火、通便的方法进行疏通引导。而苦丁茶就是一味泻火良药，能够清除肠胃之火，可使消化功能恢复正常，有助于减轻便秘症状，能够达到减肥瘦腹的目的。

不过，并非所有人都适合饮用苦丁茶，体质虚寒、风寒感冒、慢性胃肠炎患者饮用苦丁茶会增加身体不适症状，产妇饮用还会造成腹部阴冷，影响身体的康复。

对于初次饮用苦丁茶的人来说，茶水不宜过浓，冲泡完毕后也不宜将苦丁茶叶长时间浸泡，以免味道过苦，而使人产生抵触感。

生姜红茶

红茶和生姜均含有丰富的蛋白质和糖分，能够增强人体抗寒能力，使身体产生热感，并可帮助脂肪燃烧，有瘦腹轻身的功效。经常待在空调房间、手脚冰凉的人，更应当将红茶与生姜搭配饮用，不仅可起到祛寒暖腹的作用，还能提高新陈代谢，消除多余脂肪，促使体内囤积的废物排出体外，让小腹不再成为脂肪和废物的"储备仓库"。

在调制生姜红茶的时候，你可以将红茶包与几片去皮的生姜一起放入杯中，再用 90℃以上的热水冲泡即可。不喜欢生姜的辛辣味可将生姜切碎后放入布袋中缝好，再与红茶同冲泡，能过滤生姜的味道；也可以调入牛奶、蜂蜜或者炒熟的芝麻粉，来提高生姜红茶的口感。